U0925676

[日] 松田道雄 / 著　　朱世杰 / 译

我是婴儿

图书在版编目(CIP)数据

我是婴儿/(日)松田道雄著;朱世杰译．-北京:华夏出版社，2010.11

ISBN 978-7-5080-6020-0

Ⅰ.①我… Ⅱ.①松… ②朱… Ⅲ.①婴幼儿-哺育

Ⅳ.①TS976.31

中国版本图书馆 CIP 数据核字(2010)第 213726 号

WATASHI WA AKACHAN

By Matsuda Michio

First published 1960 by Iwanami Shoten, Publishers, Tokyo.

This simplified character Chinese edition published 2011

by Huaxia Publishing House

by arrangement with the proprietor c/o Iwanami Shoten, Publishers, Tokyo

北京市版权局著作合同登记号:图字 01-2010-3605 号

出版发行:华夏出版社

(北京东直门外香河园北里 4 号　邮编:100028)

经　　销:新华书店

印　　刷:北京京科印刷有限公司

装　　订:三河市万龙印装有限公司

版　　次:2010 年 11 月北京第 1 版

2011 年 1 月北京第 1 次印刷

开　　本:880×1230　1/32 开

印　　张:8

字　　数:150 千字

插　　页:2

定　　价:28.00 元

我是婴儿

第一个小宝贝在期盼中诞生了。但是初为人父人母，会不断地为养育孩子而操心：如喂奶的姿势、衣物的厚薄、晚上哭闹、断奶，再加上腹泻、发热、痉挛等小儿常见病，都会让父母不安。作者从一个婴儿的视角，思考如何构建和谐的家庭与社会环境，让天下的父母快乐、开心地养育小宝贝。

译者序

国庆节期间，我大学时的日语老师今井光裕夫妇从日本北海道到北京旅游，在接待的过程中无意中说起我近期翻译的这本松田道雄的育儿科普读物《我是婴儿》，了解到了该书及作者在日本的影响，深感自己做了一件有益于中国新生儿父母的事。

《我是婴儿》的作者松田道雄是日本著名的育儿专家，他的著作在日本乃至东南亚可谓是家喻户晓。松田道雄是一名儿科医生，在临床诊疗过程中发现患儿的家长存在很多的育儿误区，只有让家长学习正确的育儿知识，才是维护婴儿健康的根本之道。医生写的育儿书，科学性是有保障的，特别是其中关于疾病与健康的内容，更是会让读者增加一些自我判断的能力，在我看来，家长如果读了湿疹、生长热、厌食、麻疹、哮喘等方面的内容，在就医时就会受益匪浅。

几年前我儿子出生的时候，到书店买了几本育儿方面的科普读物，大多因为知识性太强而没能深入研读。从一个婴儿的视角，以第一人称写的育儿图书，我还是第一次遇到。在翻译的过程中就像是在陪着一个会说话的婴儿一起长大，知识性与趣味性的结合，让我有一种相见恨晚的感觉。

初为人父人母，和一个不会说话的婴儿在一起，还想着要照顾好他(她)，就读读这本书吧。这样你会容易了解一个婴儿的真正需求，从而少犯一些自以为是的错误。书中关于不做“孩奴”及与婴儿交朋友的内容在日益发达的中国社会更是具有很强的现实意义。

最后感谢我的日语老师今井光裕先生在日语方面的指导，我的研究生王月姣、朱文婷也承担了部分内容的翻译及录入修改工作，小宝贝们的快乐成长是我们译者的最大心愿。

朱世杰

2010月10月于北京

目录

第一章

出生到半岁

产科病房——最讨厌吵闹

我前天刚刚降生到这个世界上。现在还看不见，但是能听到声音。这个产科病房里所发生的形形色色的事情，我都知道。

护士小姐走路的时候为什么总是发出咚咚的声音呢，一定是个大大咧咧的人吧。屋子的门也总是开开关关发出那么大的声音，这么说来，一定是心里有什么不高兴的事。也许是待遇不够好啦，也许是昨天休假和谁约好了要见面却被放了鸽子。这些生气的事情，你们大人好好谈一谈来解决不就好了吗，为什么要拿东西撒气呢。

我最讨厌这种吵闹的环境了。不仅仅是我，妈妈也不喜欢。我们刚刚累得筋疲力尽，刚想要美美地睡一觉，结果走廊里又传来了咚咚的脚步声和门被甩上的声音，这次我真是想不哭出来都不行了。

我可怜兮兮地哭着，妈妈被我哭得手足无措。要是周围安静些的话，除非尿布湿了，或者是肚子饿了，否则，我才不会哭呢。

产科病房里好不容易安静下来了，窗外又闹了起来。最讨厌的就是那些开宣传车的家伙。喇叭里放着奇怪的歌，伴着这些讨厌的曲调，歌声一停，就开始宣传商品的功能。听上去虽然诚心诚意的，也不想想在别人家门口用这么大的声音做广告，谁能高兴呢。我要是长大了，绝对不会吃像今天这样的宣传车所卖的食品。宣传车刚走，直升机又来了。从直升机上撒下来许多传单，孩子们在道路上跑着争抢。这些讨厌的广告真是不可原谅。

终于安静了下来，家里的亲戚们又来道贺了。每个人都来看看我长什么样。这里面居然还有冲着我咳嗽的人，要是感冒传染给我可怎么办啊。刚刚出生的小婴儿要是得了感冒可是会发展成肺炎的呀。这个家伙难道上生理卫生课的时候都在打盹吗?

院长也不知在想什么。把新生儿室弄得像建筑工地一样嘈杂，要是在门口挂上“非请勿人”的告示牌就好了。不过，如果他们真这么做了，恐怕又会招来患者的不满。做医生也真够可怜的。

产科病房里还有一点太吵的地方，就是护工大婶们总是在八卦。她们常常在一起说谁谁的考勤如何如何，六号病房的太太很小气啦，三号病房的太太看上去比丈夫年轻太多啦，医生总是去关心四号病房的病人啦，真是烦死人了。为什么她们对别人的生活有这么大的兴趣呢。嗯，一定是自己的生活太空虚了。

没有奶水——着急是不行的

在妇产医院住了六天了，按理说应该已经习惯这样的生活，却因为种种事情接二连三地发生，怎么也不能适应。

隔壁房间前天出生的小宝宝，一刻不停地在哭。没有什么能比这更吵的了。自从妈妈从主管护士那里听说隔壁宝宝可能是因为奶水不足才哭闹个不停之后，我感觉我妈妈的奶水好像突然充足了起来。照顾妈妈的月嫂说，“不管照顾得多么周到，总会有哭闹的宝宝在呐”。

这个爱哭的宝宝，肯定挺神经质的。真是的，连奶都不肯好好喝。才喝了那么一点点就心满意足地睡着了，一会儿肚子饿了又醒来哭。一边生气地哭，一边又不肯喝奶。白天也哭，晚上也哭。这么哭也不怕肚脐鼓出来。

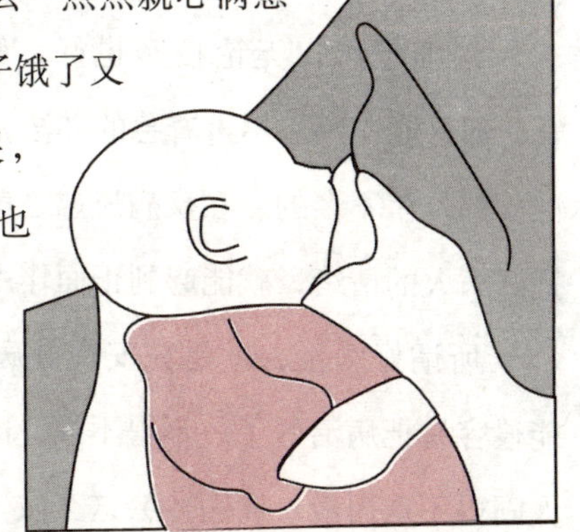

照顾妈妈的护工，虽然人既老实又能干，

但是却不注意卫生，这点真让人头疼。妈妈的奶水不是很充足，因此，我要喝葡萄糖水。护工把葡萄糖倒进杯子里，然后用脱脂棉蘸着喂给我，真是受不了。味道不好还能忍受，不能忍受的是护工手上的脏东西都渗到脱脂棉蘸的葡萄糖水里了。这下可什么东西都吃进来了。

万一这个护工是痢疾的带菌者，恐怕我就要得痢疾了。用脱脂棉蘸东西给我喝这种事情，真希望再也别干了。

妈妈因为担心没有奶水，从今天开始请了月嫂。爸爸从家里带来了做好的鲤鱼浓汤，院长也开始给妈妈打催奶针。院长一边给妈妈打针，一边意味深长地笑着说“打了这个针就有奶水了哦”。这个院长还是很会想办法的。我想这是暗示疗法吧。可他又不是什么坏人，干吗笑得那么意味深长啊。

妈妈其实不用担心。我还没有使出吃奶的力气，所以奶水才不出来。等过几天，我努力吸奶，泌乳增加，奶水自然会足够。着急是不行的。

仔细想想，无论按摩也好，鲤鱼浓汤也好，打针也好，都是能让妈妈不再着急的办法。医生的治疗，和这些的性质都是差不多的。在疾病痊愈之前的这段时间里，若能安抚好病人的情绪，就能起到正面作用。

所谓好医生，就是先安抚好病人忐忑不安的心情，就能很容易把病治好了。不得不说，即使把病治好了，却和病人闹得不欢而散，庸医才会这么做。医生和病人之间，如果不能相互信任的话，治疗是不能顺利进行的。

妈妈对于月嫂的信任是个好的趋势。月嫂也非常懂得心理暗示的作用，总是不停地跟妈妈说她按摩成功的例子。

夜哭郎——住宅小区

终于可以回家了。按照医院的规定，我和妈妈要在医院里观察两周。但每次我爸爸来医院看我们的时候，妈妈都说想早点出院回家。结果只在医院住了十天，我们就出院回家了。

回家的那一天，爸爸向公司请了假，到医院来接我们。一家三口坐上汽车直奔我们居住的小区。小区的住宅楼又高又密，充满现代化气息，但我更喜欢医院那种木结构、大框架的房子。

进了我家的现代化楼房后，我首先感觉到空气不流通。虽然冬天会有利于保暖，但夏天就会闷热难当了。日本属于部分热带国家，竹林茂盛，富产大米，田野里经常可以看到赤膊劳作的人民。

热带国家应重点考虑夏天如何防暑降温，冬天有个暖炉就可以过去了。

回到家以后才发现我家也不怎么安静，屋檐下的广播喇叭一直都在播放着什么。这样做虽然可以让小偷觉得屋里有人而不敢轻易下手，但一旦被小偷识破，溜门撬锁的声音会被掩盖，邻居家即使有人也难以发现。

到了晚上，广播停了，电视的声音又响起来了。再加上二楼有个小女孩在练钢琴，更是让人觉得吵闹得不得了。为什么二楼的父母要把女儿培养成钢琴家呢？在住宅小区里练钢琴更是让人不可思议，就像要在我们这个人口密度最高的国家里打高尔夫球一样。

那是个非常自我的家伙吧。有时间我一定要去会会她。

如果这个住宅是给这些未来音乐家们居住的，那么开发商就应该做成那种专门的隔音住宅。晚上还有一种讨厌的声音是电冰箱发出的。突然间响起的那种高频的声音，特别

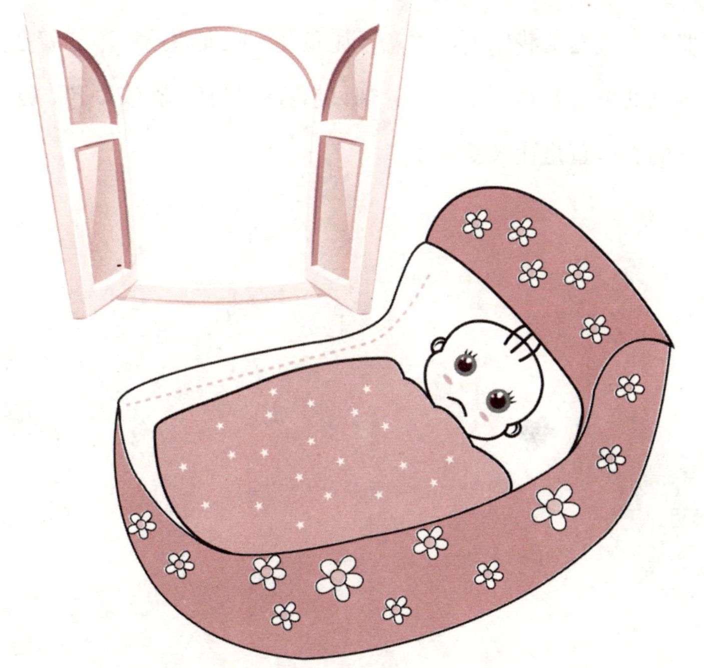

影响睡眠。制造这种冰箱的人应该不了解失眠的痛苦，晚上倒头就能一觉睡到天亮吧。

因为晚上太吵，我的生活也就变得黑白颠倒了。中午前后成了我最好的睡觉时间，安静得可以一直睡五六个小时。这样一来晚上就再也睡不着了，还不停地要奶吃。

我的喂奶时间也变得没有一点儿规律了，我妈妈为此非常烦恼，因为她清楚地记着育儿杂志上有这样一条警告语，孩子的品格来自有规律的睡眠。

妈妈也知道我们这里很吵闹，即使每三个小时给我喂一次奶，我也无法保持规律的睡眠，就让我中午美美地睡一个长觉吧。

有一天晚上，隔壁的阿姨来我家串门，看见我这个夜哭郎，竟然给我妈出馊主意，让我晚上吃安眠药！不想着把自家的电视音量调小一些，却只想着给我服什么安眠药，这样的邻居真是让人受不了。

胎毒——
脸上起了小疙瘩

两三天之前，我的脸颊、额头上长了些粉刺似的小疙瘩。每天早晨都要抱抱我的爸爸最先发现了，“该不会是麻疹吧”。说起孩子得的病，除了麻疹啥也不知道的爸爸说了这样的话。

妈妈听见这话回答说：“麻疹要五个月以上大的孩子才会感染，育儿书上都写得很清楚。”

自从我出生以来，妈妈的知识绝对比爸爸丰富得多。她又接着说：“肯定是一种皮肤病。说不定遗传了什么不好的病呢。”

爸爸反驳道，“说什么傻话啊”，争吵正要开始，邻居张阿姨过来了，看了看我脸上的小疙瘩，然后说：“这个是渗出性体质。我妹妹的孩子曾经也因为得了这个病让人操心得不行。要是不早点让医生看看，弄不好会变得严重呢。”

无论是谁看到因为以下这种事情所发生的争吵都会生气：邻居张阿姨和爸爸认为，因为我这是皮肤病，所以去社区医院的皮肤科医生那里看看就行了；妈妈却觉得去更了解我情况的产科医生那里好。

可是产科医院太远了，妈妈也没有其他可以坚持的理由，总之先带我去看了比较近的皮肤科医生。

爸爸上班快要迟到了，所以邻居张阿姨抱着我去了皮肤科。皮肤科的医生才看了我一眼就说：“这就是住宅病嘛。这个住宅小区因为是混凝土结构，所以容易返潮，因湿气太重，导致孩子得了湿疹。”

然后，医生就给我脸上涂了不知道什么药。本来以为这样就行了，又把我放在床上，拿着针冲着我的胳膊就扎了下去，真疼！自从出生以来我哪儿受过这种虐待啊，自然要拼命抵抗了。

虽说是抵抗，才出生半个月的我除了哭其实什么也做不了。

医生说，每天都要来打针。为什么我这么倒霉遇上这种事情啊。真是的，我的人生才过了仅仅十五天，以后还不知道有多少这样可怕的事情呢。

从现在开始，这恐怖的新生儿虐待就要持续一周，简直是对人权的践踏！

就算是我睡着了，也突然觉得好像有长矛刺进胸口似的，吓得我醒来哇哇直哭。

虽然又打针又抹药，但脸上的小疙瘩却渐渐严重了起来。妈妈愁眉不展，爸爸也担心地失眠了，真是糟糕透顶。

渗出性体质——
不用打针啦

虽然又是打针又是抹药，我脸上的小疙瘩非但没有治好，头顶上好像还结了痂。妈妈终于坐不住了，风风火火地带着我乘车去了之前的妇产医院咨询。

这次接待我们的医生，和之前那位相比感觉更有经验。

医生说，这个不是病，是体质问题。由于渗出性体质得的湿疹是不容易治好的。但是宝宝过了六个月症状应该就会减轻，等到九个月的时候应该就会痊愈了。无论治疗与否都是一样的。

平时，注意要保持清洁，勤换枕巾和被褥。要是出脓了就更不能碰不干净的东西。

这个时候，如果给一些含有肾上腺皮质激素的药确实有效，但是一旦停药就很容易反弹。我的孙子得这个病的时候也没有管他呢。这是之前就有的胎毒，未必有什么其他的害处。

这位医生说得真不错，完全重新看待了我的病。无论治疗与否都是一样的，说得没错。这下可以从虐待我的打针中解放出来啦。

妈妈听了医生的话也稍稍安心了。不过与其说是安心，不如说是找不到更好的办法更为恰当。

可是等晚上爸爸回到家，听妈妈说了今天的事情，两个人就开始了争论。爸爸觉得，现在的医学这么发达，连这种小疙瘩都不能治真是太可笑了。那个产科的医生一定是年纪大了都不知道医学的新发展。

妈妈与爸爸意见不同，她说，要是常见病有好的治疗方法，肯定无论哪个医生都会马上这么治的。我赞成妈妈的看法。

通过治疗可以让人放心是不言而喻的，但是如果为了让父母放心而虐待宝宝，那真是太荒谬了。最后，妈妈说得真是不错。

“医生说了这是体质的原因。体质是遗传的，不可能这么快就变过来。就算是你，不也动不动就得荨麻疹吗。宝宝肯定也是遗传了你才这样的。”妈妈说得没错，没错。爸爸去年得了荨麻疹，整整两个月都在打针、吃治肝病的药，可病却没怎么见好，害得爸爸总发牢骚。现在想想果然是因为体质的原因。

总之，我从这天开始不用再去打针，真是太好了。梦里那些拿着长矛飞来飞去的恶魔不见了，晚上醒来的次数也就少了。

放心了，这样一来爸爸也不再失眠。我脸上的小疙瘩没有再多起来，爸爸似乎也认同了产科医生的说法。

爸爸——和我一起玩吧

我来到这个世界上已经两个月了，现在眼睛稍微能看到些东西。每天上午妈妈都要安排十或十五分钟时间，抱着我接触一下室外的新鲜空气。

这真是太舒服了。爸爸昨晚告诉妈妈，应该让我接触到新鲜的空气，以此来锻炼一下我的皮肤。

为了不在冬天里感冒，最好是在天气不错的时候出门晒晒太阳。而且，晒太阳有助于皮肤合成维生素D。而维生素D不足会造成骨软，因此，在我骨骼旺盛生长的时候，晒太阳是非常有必要的。

妈妈并不知道晒太阳有这样的好处，而且因为怕晒黑也不愿意晒。每天妈妈把爸爸送出门之后，我就会在广播的声音中醒来，听着“主妇时间”获取育儿知识。

这应该是每天唯一播放育儿知识的广播节目吧。其余的时间都是在播放如何维护和平啦，修改宪法是如何的不合时宜啦，诸如此类的事情。

自从我出生之后，妈妈就开始听一些这样严肃的节目了。母性使然吧。从这方面来看，妈妈无疑比爸爸更伟大。

说起爸爸的话，每天傍晚下班回来后，就衣冠不整、四仰八叉地躺着，连轻音乐、相声、搞笑节目都不听。爸爸当年追求妈妈的时候，曾送她第九交响乐的黑胶碟唱片作为礼物，如今怎么会变成这副样子。

妈妈读过整整一书柜的文学全集，爸爸也就只在报纸和杂志上读过铅字吧。在公司被过度压榨的结果就是无尽得疲劳。

作为工薪族的爸爸，每天拖着疲惫不堪的身躯回到家里，这样的生活果然不是我们宝宝所喜爱的。我们需要妈妈全身心地照顾，若是爸爸也这副模样，那真成了我们的可怕竞争者。

要是爸爸能充满活力地回到家，抱着我出去散散步，

一起边泡澡边玩儿就好了。我并不是希望爸爸能帮妈妈在照顾我的事情上分担一些。我不是妈妈一个人的孩子，我也是爸爸的宝贝。所以我也希望爸爸能主动抱着我一起玩游戏。

在孩子长大之前，将养育孩子的事情全部交给母亲，却由着自己的想法时不时以教育者的身份登场，这太自以为是了。原本应该被孩子所依赖的人却丝毫不能让孩子产生信赖感，这样一来所谓的家庭教育是不可能顺利进行的。

到了青春期，孩子疏远父亲的事情屡见不鲜，这不过是父亲长期不关心孩子所导致的后果而已。

脚气病——吐奶和绿便

我最近的状态相当不错。吃得饱，睡得香，一个人还时不时地笑两声。但是因为奶喝得太多，有时吃得太饱，一打嗝奶都跟着吐出来了。

每当这个时候，就跟喷泉似的，非常壮观。有时虽然吃完奶都三十分钟了，还会因为吃得太多而吐出来。这时，吐出来的都是一块块豆腐似的东西，那是奶水在胃酸的作用下形成的奶块。

我一高兴就吃得太多，吃太多又难受，把奶吐出来又变得舒服了。可是妈妈对于这样的情形非常担心，觉得我可能是生病了。在我的额头上试试温度，却又不发热。

那位邻居张阿姨又来了。张阿姨知道许多事情，总是在我有麻烦的时候告诉妈妈该如何处理。看着妈妈给我擦拭吐出来的奶水，马上开始跟妈妈传授自己的经验。

“宝宝脸色这么差，这种情况不仅仅是吐奶，应该是脚气病。婴儿得了脚气病可不是闹着玩的，弄不好会影响到心脏呢。”

别开玩笑了。看看我的气色多好啊。张阿姨没仔细看，就抓住妈妈喋喋不休。“宝宝有绿便吧？要是吐奶和绿便都有的话，那就应该是脚气病了。”

原来如此，我的排泄物确实是绿色的。但是，喝母乳之后排绿便，其中虽然夹杂有没消化的白色块状物，但这应该是生理性的。

要是觉得我在说谎，你可以去那些母乳喂养的家庭，挨家挨户地问一问。虽然有黄色的排泄物，绿便也是可以有的。

邻居张阿姨继续怂恿妈妈，一定要带我去诊所打针。唉！又要去找那些穿着白衣服、拿着针袭击我这种手无寸铁小宝宝的家伙。

正巧今天有医院的保健大夫来社区医院会诊，妈妈就暂且拿着有“证据”的尿布，带着我去了。

今天医院的保健大夫和社区医院的医生都来了。医生笑着说，“这社区里住的都是知识女性，要是能有孩子得了脚气病那可就太有意思了”。

然后，医生给我检查了一下，称了称体重，看了看我的排泄物，说：“就是奶喝得太多了而已。他和普通孩子相比，可是喝了一倍半的奶呢。”就让我回家了。

奶水不足——喝奶粉吧

妈妈得了乳腺炎。因为我吮吸得太用力，乳头破了，接着就感染了。感染的恰好是奶水相对较多的右侧乳头，因此，现在的奶水只有不到原来的一半那么多了。妈妈去社区诊所看了病，医生劝她买些奶粉喂我。

我的奶粉生涯就这样开始了。奶粉对于习惯喝母乳的我来说，实在是不怎么好喝。

妈妈为了让我习惯奶粉的味道，往里面加了些糖，可我总觉得有股腥味儿。而且和奶嘴的橡胶味儿混在一起，真是难喝。

妈妈看出来我实在是不喜欢用奶瓶喝奶。平时都是隔四个小时喂我一次奶的，现在都过了四个半个钟头了还不喂我。

我饿得大哭起来，喉咙都哭干了。妈妈瞅准机会把奶嘴塞到我嘴里。这下也不管什么橡胶的味道了，肚子饿了喝奶粉感觉和母乳也没什么区别，我放心地喝了起来。只要奶嘴稍微离开点儿，我就哇哇地大哭。

就这样整整喝了一瓶奶，之后才觉得这奶味儿有点怪。总觉得好像途中把装了母乳的奶瓶和装了奶粉的奶瓶偷换了似的。

但是从此以后，无论奶粉也好，橡胶的奶嘴也好，都只好习惯了。过了三四天之后的一个晚上，妈妈和平时一样喂我喝奶粉，这次的味道实在是太难闻了，我躲着奶嘴就是不想喝。

妈妈向爸爸走过去，说道："我就往奶粉里加了点儿综合维生素，这孩子居然能闻出来，就是不喝呢。"果然，味道就是很奇怪。

我不管综合维生素什么的喝了有多大好处，就是讨厌那个味道。

爸爸说，"让我来喂他吧"。把奶嘴塞到我嘴里硬灌。别胡来啊！用暴力硬让我喝下去？！小宝宝连喜欢什么、讨厌什么的自由都没有了吗？！不要按着我的头啊！连手脚都不能动了！我哭着抵抗这种"暴力行为"。

奶呛到气管里差点儿没憋死我。妈妈和爸爸都吓坏了，终于不给我喂那个难喝的奶粉了。你们知道束缚宝宝的自由有什么样的后果了吧。

讨厌喝奶——个性不同

天气渐渐暖和了。汗出得多了总是口干。此时，妈妈冲调的奶粉喝起来就有点太浓了。

奶粉店的老板为了多赚钱，总是卖给喝淡奶的宝宝妈妈过多的奶粉。人各有所好，又不是大家都喜欢喝浓奶。

我就是所谓的“淡泊派”。

想要喝淡一些的奶，不是非要少放奶粉，多放些水不就好了。妈妈却死心眼儿听奶粉店老板的话，还是冲那么浓的奶。大概是觉得奶太淡了，我会营养不良吧。来社区诊所做育儿指导的保健医也实在是不怎么样。

只是知道每个宝宝出生了几个月，无论奶粉的浓度也好，分量也好，全都千篇一律。明治维新以来，日本的进步就是能允许每个人个性的存在。每个人的体质，也是有“个性”的。

只要是3个月大的婴儿，都要喝160cc的热水和24g奶粉调出来的奶。这样的事情谁也没有权利决定。应该多多尝试不同的比例，调配最适合孩子“个性”的奶，才是最好的。

现在的保健医生因为无法对每个宝宝的妈妈做单独指导，只能根据宝宝的月龄机械地算出应该喝多少奶了。

去保健所咨询的时候，还有另一件令人困扰的事情。那就是在等候室的时候，听其他的妈妈谈论各种各样的事情。已经吃成了双下巴的宝宝、还有“豪饮”奶水的宝宝妈妈们，简直就是在雄辩啊。

要是觉得自己的孩子好的话，直说不就好了。但如果那样做的话，其他的妈妈一定会心里想着“我家的孩子也很不错”，然后谁也不理睬谁了。所以这些高谈阔论的妈妈们谁也不直说自己的孩子好。

一个妈妈说，“我家孩子比标准体重重两公斤”，另一个妈妈就会说“我家宝宝喝一瓶奶都不够”之类的话。这些具体的数字一个比一个高，不太爱争论的母亲也立刻被这样的谈话感染了。“个子大的孩子、吃得多的孩子才是好宝宝”，妈妈也开始抱有这样错误的想法了。

昨天去社区医院进行健康咨询的时候，在等待室里恰巧坐在了某个双下巴宝宝的旁边，结果今天我就被灌了好浓的奶粉。

之前因为妈妈往奶粉里加了维生素，我毫不犹豫地绝食了。妈妈和爸爸没想到加了维生素的奶那么难喝，也没注意冲调的奶又浓又稠，以为我现在连奶都讨厌喝了。于是我家又开始了一场“大风波”。

电车——
别织毛衣了

今天爸爸不用上班，全家准备去京都的奶奶家。都已经九点了，在小区车站等公交去电车站的队伍排得还是很长。排队等车的时候看了看我家的住宅小区。同样颜色、同样构造的公寓。里面是统一布局的厨房和一样的家具。

这里住的人昨晚吃了同样的特价火腿，晚上看的也是一样的搞笑节目吧。今天，如此争先恐后地离开这里，恐怕是等不及想要摆脱这样一成不变的生活。

电车站的站台上也站满了人。上车的时候，人像雪崩似的涌向狭小的入口。我虽然被爸爸抱在怀里，但好几次都险些被挤掉。

挤上了车，眼前正好有一个空座位。周围大概有八个男孩子，对想要坐在这里的爸爸怒目而视。“这里有宝宝”。爸爸虽然抢先却还是慢了一步，一位盛装打扮的太太坐到了那个位置上。

这几个男孩子为了母亲能坐着，特意先来占座位。这就是所谓的“孝顺”吧。如果这样的话，“孝顺”不就成为为了少数人的利益却牺牲多数人利益的借口吗。

幸运的是有座位的人在下一站下车了，这时，妈妈和我也有了座位。刚想着“终于有座位啦”，紧接着另一场“灾难”就降临了。

和爸爸并排站在我前面的一个中年工薪族突然剧烈地咳嗽了起来，正冲着我的脸。如果这个人得了感冒，那么我就有可能会吸入感冒病毒。

如果这个人有肺结核病，那么我就会吸入结核菌。在其他人面前咳嗽的时候，为什么就不能用手帕掩一下口鼻呢。

妈妈也注意到了，赶紧把我的脸挪开，却也来不及了。到了下一站，这个人一下车，妈妈立刻就站起来换了个地方。然而，倒霉的事情还在继续。

到了第二站，旁边坐了一位年轻的太太，刚一坐下就从硕大的手提袋里拿出棒针、毛线开始织毛衣。真是一点时间也不浪费的见缝插针型能手啊。细长的棒针动来动去，织

得还挺快，这可让我真不放心。

万一电车来个急刹车，那个针搞不好会戳到我眼睛里去。为了“自卫”，我大声地哭了起来。爸爸和妈妈想到下一站可以换乘快车，就先抱着我下车了。

奶奶——溺爱

在经历了辛苦的电车之旅之后，终于平安到达了奶奶家。奶奶是爸爸的妈妈。这个家有爸爸的哥哥，也就是伯父夫妇二人和他们的孩子——我的堂姐美美和小堂哥。美美姐四岁，小堂哥比我大五个月，现在是八个月大的宝宝。

奶奶看到长大的我高兴得不行，从妈妈怀里抢过我一直抱着。奶奶比谁的育儿经验都要丰富，无论是抱孩子还是哄孩子都非常拿手。

被奶奶抱着真是舒服，以至于一放下我立刻就会哭，一哭奶奶又会抱着我。妈妈在家里的时候，都没有对我这么好，从来都是“爱哭哭去吧”的态度，所以我在家都不怎么哭。然而，没想到在这里有了被打头的初体验。

这个“坏人”就是美美姐。当时我正被奶奶抱在腿上，笑得开心着呢，突然就被美美姐“砰”地打了一下。想当然我就哇哇地哭了起来。

伯母给了美美姐的手一巴掌，说，“还犯，昨天不都说不许这么干了吗”。这下美美姐哭了，抱着奶奶不放。奶奶把我交给妈妈，抱着美美姐。

嘴里说着“不乖的孩子、不乖的孩子”就把美美姐抱走了。伯母不停地向妈妈道歉：“真是对不起。没想到美美是嫉妒了。奶奶或我一抱着弟弟她就生气。”原来是嫉妒。不是全部有弟弟妹妹的孩子都有这样的感觉。只想自己被宠爱的孩子就会心生嫉妒。

现在，小区里住在我家前两三栋房子里的那一家，也有一个四岁的姐姐和一岁的弟弟，这个姐姐就不嫉妒弟弟。

非但不嫉妒，还很疼爱自己的弟弟。这个姐姐很喜欢玩娃娃，什么时候都抱着娃娃。在弟弟出生的时候，就已经学会关爱自己以外的事物。

然而，美美姐，因为在弟弟出生之前被家人、特别是奶奶溺爱得不成样子，觉得只有自己才应该被大家疼爱。来自周围的爱太多，当然会导致美美姐失去了爱别人的快乐。

百货公司和电影院——一点儿都不好玩

昨天在奶奶家住下了。爸爸妈妈打算带着我去京都一日游。他们对奶奶说想去给我买点儿东西之后就出门了。

第一次见到所谓的百货商场，把人群都吸进去了，像怪物一样呢。并不是所有在商场里的人都是来买东西的。

也有看烦了家里的旧物件，来这里看看新鲜的人。爸爸和妈妈打算给我买平时穿的毛衣、裤子、奶瓶、尿不湿和玩具什么的。这些东西都在不同的卖场，我们必须乘着电梯反复地上上下下。

每次电梯小姐都和我们很有礼貌地打招呼。百货公司的董事们，与其让服务员那么辛苦，你们为什么就不能把婴儿用品集中在一起办一个“baby corner”的卖场呢？

作为小宝宝的我们，可没觉得逛商场有什么可享受的。这种满是灰尘的地方真是一分钟都不想多待。这些年轻的服务员站在那里，也没有提供什么良好的服务。

要知道年轻的父母都没有经验，如果“baby corner”的服务员是一些有育儿经验的中年妇女，推荐商品时能够考虑到宝宝和家庭实际，那就真是帮了大忙了。

购物结束后，爸爸和妈妈抱着我离开了商场，打算坐公交车带我去郊外。每一辆开来的公交车上都是满满的人，想要带着我一起挤上去是不可能了。等着等着我就睡着了。

等我再睁开眼睛的时候，眼前一片漆黑。抱着我的是爸爸，他没有和平时一样奇奇怪怪地偷看我的脸，不知道在看远处的什么东西。

妈妈坐在爸爸身边，和他一样也在看着什么。前面的墙上不知道有什么，红色、蓝色漂亮的画儿在墙上动来动去，还有人面孔的大特写。我不知道这是什么地方。伴着这些画面，大的且有些吓人的音乐在这座稍暗的建筑物里回响着。

抽烟的人搞得这里烟雾缭绕，空气真差。不仅让人喘不过气，喉咙也很痛。这么难受自然是睡不着了。

在我的前面坐着一个四岁的男孩，他的爸爸妈妈坐在他两边。他手里拿了一盒奶糖，专心致志地吃着。画面上出现的男女不知道在做些什么，他跟爸爸说，“咬人是不对的”。我害怕地哭了起来。

周围的人都冲着我“嘘—”要我安静下来。妈妈把我抱到走廊里哄着。为了不回到那个恐怖的地方，我决定一直哭下去。

咳痰——锻炼是必要的

京都之行“损失惨重”。

从京都回到家的第二天，我就开始咳嗽、流鼻涕，只好去看医生。传染源肯定是在电车里冲着我咳嗽的那个大叔，然后是商场里的灰尘、电影院里污浊的空气，让我的病情雪上加霜。追根究底都是爸爸妈妈不好。

像我这样刚满三个月的宝宝，居然带着我挤电车，去鱼龙混杂的商场和电影院。小时候就被带去这样的地方，以后肯定会想远离这里，恨不得去孤岛生活。

尽快在这个小区建个电影院吧。爸爸妈妈短时间离开家，宝宝顶多只是肚子饿，还不至于到要生病的程度。

说起最理想的办法，就是在像我家小区这样人口密集的住宅区，能有一个暂时托管宝宝的地方。以前在托儿所工作有经验的人，可以在小区物业找个地方，布置一些婴儿床，托管宝宝的问题就可以解决了。

床与床之间用透明的塑料板或是别的什么隔开，这样就算有个宝宝咳嗽也不会传染给其他宝宝。定时供给宝宝严格消毒的全脂牛奶。爸爸妈妈们无论是去大阪也好京都也好，都可以安心地过二人世界。

这样的事情对于维持夫妇的“二人世界”也是必要的。

女子大学幼师专业的学生，也可以周一休息，周日在住户家中帮忙照看孩子，既可以获得实习经验，又可以打工挣钱，一举两得。我所承受的伤害，不仅仅是感冒，感冒只是一个开端。喉咙里有呼噜呼噜的声音，刚刚好到周围可以听到的程度，可这对我来说并不是很难受。痛苦的只是最初得了感冒，因鼻塞没有办法喝奶的那两天。

可是，我觉得喉咙没什么，爸爸妈妈却很担心。不过，诊所大夫的差劲就另当别论了。我第一次去看感冒，他还真跟剑客似的，初次见面就给我“一针必杀”。尽管我哭着抵抗，这人应该是见得多了，根本不理我。

感冒治好之后，喉咙就开始呼噜呼噜，像小儿哮喘似的了。

不能洗澡，不许出门，每天都要去打针，完全搞反了吧。既不发热也没有别的什么症状，心情也不错（打针的时候另当别论），又能吃能喝，为什么要把我当做病人对待啊。

洗洗澡，出去呼吸呼吸新鲜空气，锻炼锻炼皮肤黏膜，才不会再咳痰呢。

妈妈——用心观察

一直以来摇摇晃晃的头，现在我可以很好地抬起来了，能转向各个方向看到不少东西，拨浪鼓也能握得住。出生四个月之后，有了这么多的进步。人生要是能按照这个节奏不断进步的话，也是挺了不起的呢。

打针的疗程结束后，喉咙里的呼噜呼噜声却没什么大变化，妈妈发现这一点已经十天了。条件反射的缘故，我现在一看见穿着白衣服的人，就吓得直哭，害怕他拿针扎我。

最近卖鱼的小伙计穿着白上衣，我对白色都神经过敏了。

然而，最先发现我喉咙里呼噜呼噜声不是生病的人，是妈妈，果然是对宝宝最用心观察的人。

只要不用见到那个留着小胡子的白衣“剑客”，我的心情就会很好。这段时间我都会开心地笑出声来，还特能吃，一瓶奶都不够了。

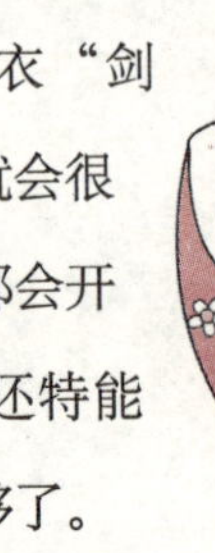

只有一点美中不足，就是晚上入睡、还有清晨的时候，还会发出这种声音。除此以外都非常健康。

和妈妈相比，观察我相当粗糙的爸爸，显然对我的健康状况了解不够。在公司忙于应酬（这个所谓的应酬怎么这么多），他回家的时候我都睡着了，才注意我喉咙的问题。

“嗓子里有痰吧”，爸爸冲着妈妈大声说，好像她对我不够好似的，然后就把我吵醒了。回家之后发现我的“不对劲”，马上就埋怨妈妈，这是爸爸的一贯手法。很像战争中的先发制人，在妈妈没有责怪他回家太晚之前，就批评妈妈，嫌妈妈在家没有照顾好我。

妈妈第一次在夫妻争吵中处于劣势，第二天一早就带我去打针了。

那个留胡子的怪人才是把“观察不够细致”这一点诠释得淋漓尽致。不管怎样，一进那个诊所，我就吓得哇哇直哭，他好像从来都没有注意到这一点。

总觉得小宝宝生病了才会这样，却没意识到其实我很健康，这就导致一上来也不吃药，直接就给我打针，想要一下子就解决问题。

对宝宝最用心的是母亲。因此，那些对我连四到六个小时都没有观察到的医生，无论要给予什么治疗，都应该向妈妈仔细询问我的状况。充分询问之后，再给我打针也不迟。

但是话说回来，每次去诊所都有二三十个人在候诊，想来也没有仔细观察的时间吧。

儿童公园——属于宝宝的时间

爸爸今天难得早早结束出差回到了家。妈妈还在准备晚饭，爸爸就抱我出去散步了。小区里都没见到什么宝宝车。

家门口的地方太小，宝宝车或是自行车都放不下。由于没有考虑到像无处放置宝宝车这样的问题，退休了的老人家、那些刚刚毕业还没有组建家庭的人，向政府建议建了这样一个公园。

爸爸带我来到了儿童公园，这真是小区的杰作。滑梯、跷跷板、花坛一应俱全。小哥哥小姐姐都玩得很开心。我最喜欢看哥哥姐姐们做游戏了。大人们的脸上就不会有这样快乐的表情。

突然，爸爸抱着我向旁边跳开了大概一米远。一个球正冲着我们飞过来，要是爸爸没有及时发现，这个硬邦邦的橡胶球肯定正中我的头顶，把我砸成脑震荡。爸爸，真是谢谢你。

爸爸每次因为自己学生时期擅长运动而洋洋自得的时候，就会被妈妈嘲笑惟独脑筋不太好用。但今天，锻炼的好处就体现出来了。到底是谁把棒球打到这里来的？啊，中学生。

虽说是儿童公园，从像我一样大的宝宝到中学生，多大的孩子都有，乱糟糟的玩在一起，没办法划分出不同年龄孩子的入园时间。就算如此，为了安全，最好还是能划分一下能否玩棒球的时间段。

爸爸抱着我坐在长椅上，一个看上去大概五岁的姐姐凑了过来，看上去有些奇怪。接着就听到了有人冲着这里大喊："不行不行，不能去小宝宝那里！"有个看上去像姐姐妈妈的人追过来把她抱了起来，说："不好意思。这孩子得了百日咳，不应该让她随便乱跑的。"之后，这位妈妈就走开了。

回到家，爸爸立刻告诉了妈妈这件事。"还是有不

错的人呢。自己孩子被别人传染了百日咳，却没传染给咱家孩子。”妈妈的眼睛一下睁得特别大，问道：“是位女士？”“是的。”“那她昨天还和我聊过一些家庭主妇的话题呢。”妈妈潜意识并不认同爸爸的话。

可是在我看来，如果国人都能少一些对抗，多一些理解，能有个协议，让得了百日咳的孩子都带上红帽子或是系上红丝巾就好了。

澡堂——没礼貌的客人们

第一次去了澡堂。因为是爷爷的周年，回京都的奶奶家住了一晚。

爸爸带着我去了澡堂。在家里的时候都是妈妈带我泡澡，现在变成了爸爸的差事。泡完澡，穿上衣服，喝着果汁，妈妈都安排得很好。

去浴室一看，还有大概一个月大的宝宝在泡澡，比我还小。由于我是第一次被带到浴室去泡澡，妈妈似乎有些担心。当然浴室的热水都是经过严格检查，不会有细菌的。

况且，刚出生的小宝宝一开始会在家里洗，一个多月后再去浴室。对于那些家里没有洗浴条件的父母来说，带小宝宝去澡堂也是没办法的事情。所以，那些只能去浴室泡澡的大人，有义务保持澡堂的清洁。

可是，和爸爸一到浴室我就震惊了。小学生们大部分都没有洗净身体就跳进浴池去了。浴池里还有若无其事拿着澡巾使劲擦身的大人，墙上保健所的公告明明写了不允许这样。真烦，大部分的人居然都这个德行。

自己洗完了就走，之后的水反正也不是自己用，一副无所谓的样子。这样的毛病都改不了，真是一群可耻的大人。

说起来大人真是贪婪成性，利用这一点来改进应该是个不错的办法。要是澡堂老板能用广播来宣传就好了。

每三十分钟，肥皂或是剃须刀的广告就播送一回。接着，就应该放送这样的内容："孩子们需要接受良好的道德教育，在浴池内使用澡巾的父母，请不要成为周围孩子们的坏榜样。"卖肥皂或是剃须刀的老板因为有的赚，应该会提供赞助的。

浴室还有一个不好的地方，就是小学生们把浴池当成游泳池，互相泼水、跳水玩儿。大人们和事佬居多，一点儿都不责备他们这种恶作剧。

因为他们，我被从头浇了一通水。吸气的时候，有不少水呛到了气管里，然后止不住地呛咳起来。和洗澡水一起呛进来的细菌，从喉咙又进到了耳朵里。

果然，夜里就开始高烧。因为太疼了，我一刻也不肯安静，一直在哭，直到第二天去看医生，发现得了中耳炎。

夜啼——夜里喂奶

现在，我每天早晨和睡前要喝母乳，白天还要喝三次奶粉。然而，这两三天夜里特别容易饿。前天夜里大概三点的时候，妈妈像往常一样给我换尿布，可之后就怎么也睡不着，饿得哭了起来。

我向妈妈传达着“我要喝奶”这样的意思，可她却没有领会。只是把我抱起来，摇晃着我想让我安静下来。可是我还是哭个不停，妈妈轻轻地唱起了摇篮曲，我就这样饿着肚子睡着了。

早晨，我一睁眼就听到爸爸和妈妈正在争论些什么。

“什么？给他喂点奶让他睡了不就行了吗。”

“育儿手册里面写了不要在夜里给宝宝喂奶啊。”

“为什么夜里不能

喂？”

“夜里宝宝睡觉的时候，肠胃也是在休息的。”

“这样啊，夜里喂奶等于是让肠胃加班啊。说不定就是因为平时吃得太多晚上才哭呢。”

别开玩笑了，爸爸，是不够吃啊。我为了纠正爸爸妈妈的错误认识，昨晚哭得比前天还要厉害。爸爸因为不知道我为什么哭而牢骚满腹。我在妈妈一如既往的摇篮曲中，折腾了一个小时才不知不觉睡着了。

早晨，两个人又开始争论。

“怎么还是这样？夜里吵死了都睡不着啊。”

“我已经很努力在照顾他了，我也想早点改掉他这个坏习惯啊。”

“肯定是肚子饿了。”

爸爸，就是这样的。好好享受我半夜对你的骚扰吧。正这么想着的时候，我的“头号敌人”出现了——邻居家的张阿姨。她在门口听到了这俩人的争论，就来支援妈妈了。

“不行不行，夜里不能给宝宝喂奶。让宝宝有个规律的生活习惯是很重要的。一哭就给他喂奶的话，以后会任性的。我家的孩子夜里从来没喝过奶，也没见比别的孩子长得差。”

这位张阿姨的孩子，肯定胃容量又大弹性又好，夜里不吃饭也无所谓。为什么要把我和他相提并论呢。人和人之间是有区别的呀。在夜里想要让大家都睡得好，比起抱着我唱一个小时的摇篮曲这种方法，还不如喂我十分钟的奶来的管用。

夜啼——
量体重

夜啼的问题终于解决了。妈妈理智的做法取得了最终的胜利。

妈妈和邻居张阿姨在夜里不能喂我喝奶这件事情上非常坚持。妈妈在育儿手册上找到了根据，邻居张阿姨则是凭借自己的育儿经验。

无论是妈妈也好，邻居张阿姨也好，都认为严格的管教就能改掉夜啼的坏习惯。

尽管爸爸反对，但是妈妈在邻居张阿姨的支持下，想了很多办法哄我入睡，就是不给我喂奶。由于我洗完澡之后喝果汁导致夜尿太多，妈妈就改在中午以前给我喝了。

因为晚上电灯太亮，总是把我晃醒，就换了一个小灯泡。爸爸在我醒来的时候也在控制自己不要发牢骚。

但是，就算限制水分的摄入，

改用昏暗的灯光，妈妈唱着最好听的摇篮曲，我还是没有在夜里停止哭泣。这都是因为肚子饿呀。

终于爸爸受不了了。夜啼折腾的爸爸睡眠不足。他无论如何都坚持要让妈妈去咨询一下医生。

妈妈在咨询日那天带我去了社区医院。保健护士听妈妈说完事情的经过之后，马上就称了称我的体重。这半个月来我果然比标准体重轻了那么一点儿。

“果然是奶水不太够啊。”等爸爸回到家，妈妈对爸爸说。

“这么看来，果然是因为肚子饿才哭的。”爸爸得意地说：“今天晚上要是再哭就给他喝奶吧。”

妈妈却仍旧不认输，“还是把他白天的奶配浓一点儿吧。”

然而，就算这样做，我也没有屈服。白天的浓奶都没喝完。因为，与一次喝很多相比，还是少食多餐来的舒服。就算喝了浓奶我还是会夜啼，爸爸也觉得很奇怪。

育儿手册上都写的什么啊，不让夜里给孩子喂奶。爸爸夜里不顾自己身体劳累，自己起床把我抱到妈妈身边。第一次在夜里喝到奶啊。真好喝。我吃得饱饱的，很快就睡着了。

育儿书里写的内容，不用在自己家里每条都要遵守实行。找出最适合自己家庭生活养育宝宝的方法，并且让宝宝健康成长，这就是最好的育儿方法。

防水尿布——天气热不要用

大人都是随心所欲的家伙，对于我们没有反抗能力的小孩，完全没有一点儿人权保护的意思。

婴儿防水尿布就是其中之一。最早开始应用防水尿布的一定是一个爱漂亮的妈妈，也可能是哪个爸爸出的馊主意，总之是为了不要弄脏妈妈的外衣，就给尿布的一面缝了一层塑料纸。

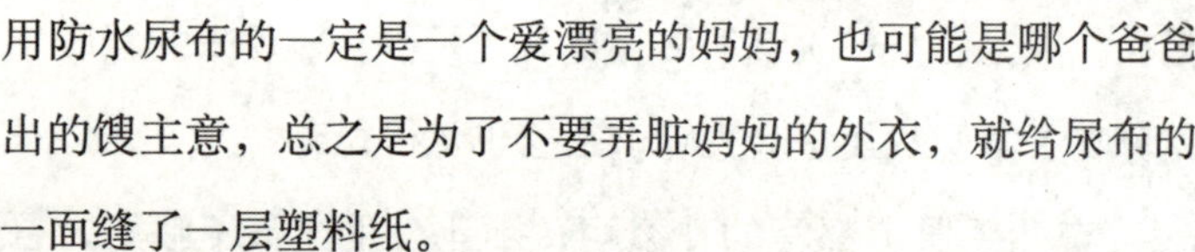

现在又出了成品的防水尿布，表面是布，里面是塑料，还用子母扣固定在一起，正像广告上说的那样，一点儿水也不漏。所谓不漏，就是里面的东西一点儿也出不来，但裹在里面的人也会受不了。比丝绸、毛线还要差，后者至少还能蒸发掉。

如果在夏天下半身都裹上防水尿布，那滋味简直难以承受。防水尿布的制造商们应该自己试一试就好了。游泳运

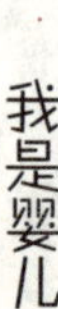

动员在水中穿着还可以忍受，要是在闷热的季节里一整天都带着尿布的话，谁也受不了吧。

人的皮肤是可以调节温度的，如果热了，皮肤就会排出汗液，汗液蒸发带走热量，可以降低皮肤的温度。防水尿布影响了皮肤的温度调节功能，天气寒冷时，因为皮肤不需要散热，所以可以忍受。

妈妈粗心地认为我是冬天生的，所以也给我用上了防水尿布。

天气一热，我就受不了了。我裹着不透气的尿布却一句话也说不出来。只有不停地哭闹。我一哭，妈妈就会过来看看我是不是尿了，当妈妈看到尿布是干的，就又给我裹上了。过了一会儿，我难受得又哭了。

妈妈想过来抱我，又担心我太依恋她了，所以就不管我了。对于不善于观察的父母，我真是无话可说。只有出现了异常，他们才会寻找原因。

我虽然用了最大的哭声表达了防水尿布给我带来的痛苦，但我的皮肤没有异常，所以爸妈也没有重视。直到今天在给我洗澡的时候，发现我的臀部出现了糜烂，爸妈终于明白我哭闹的原因了。

但是，爸妈依然没有想到是防水尿布的原因，以为给我扑上一些广告说的痱子粉就可以了。第二天，我皮肤受伤的面积变得和防水尿布一样大时，爸妈才明白都是防水尿布惹的祸。

天气闷热——牛奶要凉

闷热的天气已经持续好几天了，住在这种通风不良的现代化小区里，真是度日如年啊。热气从头到脚贯穿整个身体，让我疲乏极了。甚至胃也要“罢工”了，消化能力大大下降了。

睡觉前的那顿牛奶虽然影响不大，但是白天却怎么也感觉不到牛奶的香味。妈妈知道夏天牛奶容易腐败，所以天天都会对我的奶瓶什么的进行煮沸消毒。妈妈用干净的小勺把奶粉放进消毒后的奶锅里，用开水溶化后还要加热煮沸一下才让我喝。

妈妈知道那样会破坏其中的维生素，她的办法是等奶凉一些后再加入复合维生素，这样一来，奶的味道就变了。

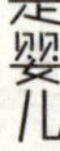

因为天气实在是太热

了，妈妈煮沸后的牛奶不可能很快凉下来，只要用手感到不烫了，妈妈就会拿来让我喝了。但手的感觉是有误差的，其结果是我喝的牛奶偏热了。

天热出汗也多，我时刻需要补充水分，妈妈会给我准备一些温度适中的果汁，其实再多给一些的话就更好了，但妈妈担心我吃坏了肚子，一点儿都不会多给我准备。

妈妈准备的牛奶一点儿也不好喝，我也就喝不下那么多了，由原来的180毫升减少为不到一半的食量了。

但是，也和其他新做父母的人一样，妈妈不会想到是自己出了问题，而是认为是我们小孩子不好。晚上爸爸一下班，妈妈就反应我的问题了："宝贝不喜欢喝牛奶了，每次喝都不到原来的一半。"

爸爸走过来把我抱起来，看着我说："怎么了啊，能不能精神点儿，是不是哪儿不舒服了。"

妈妈听了，赶紧拿来体温计给我测体温，结果是也不发烧。

爸爸又问道："今天大便不稀吧？"

妈妈说："没变化，和往常一样。"

我最害怕带我去诊所看病了，于是努力装出很健康的样子，对着爸爸呀地笑了一声。爸爸马上就中了我的"圈套"，他说："没问题，这不笑得和以前一样。宝贝最懂爸爸的心思。宝贝真伟大，最能理解我，不像我的木头科长，对我一点儿也不理解。"

爸爸边说边把我高高地举了起来，还不停地旋转着，让我也感觉好极了。

晚餐的时候，妈妈也“理解”了爸爸一次，给他准备了一大瓶冰镇啤酒。但妈妈还是不能理解我，我最想要的是稍微凉一些的牛奶。

儿童游乐场——唯利是图

下了几天雨，到星期天的时候终于放晴了。上午妈妈整理完家务，下午我们一家三口就出门了。因为只有半天的时间，我们准备去离家几站地的游乐场玩。妈妈冲好了一瓶牛奶作为我的干粮，我们坐上电车就出发了。

游乐场真热闹啊，既有老少同乐，也有情侣漫步，流浪汉也知趣地不知躲到哪里去了，给人一种和平盛世的感觉。谁都想留住这美好的瞬间，我听见人们的照相机快门响个不停。 爸爸抱着我，一边欣赏着美景，一边讲解着花坛上花的种类。这时突然从旁边走过来一个男青年，拿起照相机对着我们一家三口拍了一通后，转身就走开了。

爸爸忍不住发话了：“你怎么回事，拍照也不给我们打个招呼。”男青年听了转过身来说：“怎么了？不能拍吗？我有艺术的自由啊。”

真是个品质不高的艺术青年。妈妈偷偷拉一下爸爸的袖子，示意爸爸不要理他，爸爸也想到不要给我带来不良的影响，所以也没有再说什么。我有点儿生气，主张自己的权利也不能影响别人的私生活啊。

现在就有这么一部分人对别人的生活有些过分关注。我想大概是因为读世俗小报太多的原因吧。

游乐场里有各种各样的游乐设施，有缆车、小火车、游船等等。但这些游乐设施都需要单独购票。我常常遇到好多小孩子在央求父母买票，但父母却因经济原因而推脱，或赶紧带孩子离开。

这么小的孩子就知道了金钱的重要性，而且还会增加对父母的不信任感，因为他们不能理解为什么有些小孩的父母会高兴地掏钱带孩子玩呢。

我累了，坐在长凳上喝完了妈妈带来的牛奶。由于天气很热，我依然觉得口渴，于是哭了起来。爸妈自己也渴了，知道我是在要水喝。但却不知道哪儿有开水。

爸爸和妈妈带我找到了一家饮料店，在我们消费了一瓶汽水后，店主给了我们一些开水，因为没有自来水可以洗刷我的奶瓶，妈妈只好用开水冲了一下，就让我接着喝了。

游乐场说是给儿童开的，但却不给儿童准备自来水或饮用水，这些大人的目光真是太短浅了。

断奶（一）——难懂的食谱

早上妈妈抱着我送爸爸到小区门口的公共汽车站，在回来的路上，遇到了同住一幢楼的张阿姨，她看着我问道：“几个月了？”

妈妈说：“6个多月了。”

听妈妈说完，张阿姨就变得若有所思起来，我知道她这样对我肯定没有什么好事。

“5个月大就应该断奶了。你给他断奶了吗？我的孩子断奶就非常不顺利，这种事还是要谨慎为好。唉，给小孩子断奶真是太困难了。”

这都是说的什么话啊，张阿姨为什么这么喜欢给别人出主意呢。如果不能设身处地地为人着想，这种担心就有些多余了。这大概是有领导气质的人的通病吧。

妈妈马上就被打动了，担心地问道：“断奶不顺利会怎么样？”

张阿姨说：“一直都消化不好，打了两个月的点滴才治好的。看到那么粗的针头，真是太痛苦了。”

张阿姨讲得绘声绘色，这真是把妈妈给吓着了。回到家里，马上找出以前买的育儿指南，埋头看了起来。

好像书写的有些难以读懂，妈妈来来回回看了好几遍。最后她都要读出声来了。

“断奶食物分为基本食物、代替食物和变化食物。基本食物有牛奶冲米粉，代替食物有蛋黄粥、酱汤、面包粥、小麦粥等。变化食物是在以上的食物中添加果汁之类的东西。做基本食物需要15克米粉、3克糖、0.2克盐、100毫升牛奶，以上内容混匀后加热食用……”

我听见了头都要大了。断奶有这么困难吗。如果不知道这么多断奶的知识，岂不是会像张阿姨家的宝贝一样断奶不顺利，再患上消化道疾病，如果不小心治不好的话，人类就不能在地球上繁衍生存下去吗？

日本的医疗真是太发达了，医疗广告随处可见，打针输液家常便饭，遇上个消化不良不会治不好。但非洲啦、拉丁美洲啦就不一样了，那里的人断奶怎么办呀，岂不要死不少人，要真是这样的话，地球上就不会有这么多人了。

断奶（二）——咸甜口味不同

妈妈开始给我忙着准备断奶的食物了。她在挂历上写满了各种各样的数字。第一个星期，每天上午给我一些断奶食物，食物的量从10克开始，以后每天增加10克。

第二星期开始，上午和下午各给一次断奶食物。妈妈整整制定了一个月的断奶食物制作计划。

每天送爸爸去上班后，妈妈就回到厨房里忙个不停。一定会边翻育儿指南，边用计量小勺准备米粉、牛奶之类的断奶食物。不一会儿就做好了端到我的面前，面带微笑地对我说："来，看妈妈做了一些好吃的。"边说边用勺子把一些黏糊糊的东西塞到了我的嘴里。

我的口味更接近爸爸，喜欢吃得咸一些。你可能会说，有喜欢吃咸的小孩儿吗？我要告诉你，是非常多的。既然有喜欢吃甜的，就会有喜欢吃咸的。大人们有人吃得多，有人吃得少，你会发现小孩儿也是这个样子吗。小孩儿也是人啊。所以要给他们人的待遇。大人们往往忽略这一点。对我这种口味偏咸的小孩就不要觉得奇怪了吧。

妈妈就是这样一个不明白的人。这太令我伤心了。不是说知子莫如母吗。但是我出生五个多月了，妈妈都没有怎么理解我。对妈妈做的甜甜的米粉糊糊，我一点儿都不喜欢吃。

用牛奶冲调的米粉糊糊，可能营养充分，但却不合我的口味，所以我一口也没有吃。我呀呀地把妈妈的勺子推开了，但妈妈仍不甘心地再次送了过来。

无论妈妈再怎么和颜悦色，对于她给我准备的甜甜的软乎乎的东西，我一点儿也不接受。妈妈终于对我的顽强抵抗屈服了，只好像以前一样给了我一大瓶牛奶，我也就不像刚才那么紧张，填饱肚子后很快就睡着了。

当我从午睡中醒来，又看见妈妈站在我面前，还是拿着那把盛了断奶食物的勺子。要知道我的记忆力是不差的，我再次拒绝了她。

下午我又睡了一觉，等我醒来后爸爸也回来了。在我刚才睡觉的时候，妈妈已经把我一天的情况向爸爸做了汇报。爸爸抱起我，把我放在他面前一起吃晚饭。

“你真是个意志坚定的宝宝”。爸爸先是表扬了我，接着就拿起一勺味增汤，让我喝了下去。咸味是我的最爱。我咬住勺子，吸个不停。

爸爸看到后兴奋地说：“这小子肯定也是个口重的家伙。”爸爸说得太对了。

断奶（三）——有什么吃什么

虽然爸爸说我是有些口味偏重，妈妈依然不肯相信，她认为口重的人都是不守信用的人。今天她又按照育儿指南的内容给我做了断奶的代替食物。做好后我一看就是把面包切碎，加入牛奶做成的食物，又是我最不喜欢的软乎乎的食物。

但是妈妈依然要拿来实验一番，我这边又一次表现出了坚强的意志。

正在这时，有贵客登门了。原来是妈妈的大姐从关东的乡下到我家来了。妈妈的兄弟姐妹最多了。除了这位大姐，妈妈还有六个姐姐和哥哥。

我的这个大姨，也是多子多福，一共养育了八个孩子。大姨在三年前参加了县议会组织的一个旅行社团，这次是专门到关西来旅游的。顺路到我家来了。

“这是什么小区啊？简直就是钢筋混凝土的森林吗。”这位英雄母亲一进门就说了这样一句话。

我觉得她说得太对了。我喜欢这位有敏锐洞察力的大姨。

妈妈也好像是遇到了救兵，马上就把我拒吃断奶食品的事情告诉了她。

“断奶这个事……我还真不记得我那几个孩子是从几个月开始的。好像有早的，也有晚一点儿的。也就是大人抱着吃饭的时候，慢慢地给一些什么吃的东西，这样最自然了。

小孩子的性格各有不同，也有怎么喂却一点儿也不吃的。也有特别讨厌喝粥的，这样的小孩儿等他长出了牙，就会什么都吃了。也有喜欢吃面条的，也有喜欢吃米饭的。菜什么的就从大人吃的食品中挑一些柔软的给他们就好了。但也要等到他们的牙长出来的时候再给，鸡蛋、豆腐、鱼都可以。”

妈妈虽然赞同大姨说的话，但是仍然想对自己的行为解释一番。“大姐说的都是过去的事情了，现在时代不同了，你看这本育儿指南，可是写了不少的断奶食谱呢。”妈妈边说边把育儿指南递给了大姨。

大姨打开书带上老花镜，信手翻了几页后大声笑了起来。“这本书就是我女儿工作的那家出版社出的。那个出版社太差了，把这些东西收集收集就叫育儿指南了。编这个食谱的可能是个营养专家，但肯定没有生儿育女的经验。像这样的出版社，只要你生了孩子肯定就会被解雇的。像我这样生了七八个小孩的人，哪有工夫做这些费时费力的断奶食物啊。”

妈妈完全被这样的内幕震惊了。

断奶（四）——体重计不能缺

这一篇就不是小宝宝说的话了。作者非常赞同这位从关东过来的大姨的观点。大姨对孩子何时断奶已经记不太清楚了，她说有的孩子早一些，有的孩子晚一些，我觉得这是很正常的事情。

国人认为一说断奶，就是不再喂奶，只吃大人的食物，这是不对的。断奶这个词，容易引起误解。真正的意思并不是要完全停止奶制品，而是让那些以吃奶粉或母乳为主的小孩儿逐渐增加一些其他的食物。所以，不说断奶，而说是添加辅食更符合实际的情况。

给婴儿添加辅食，就是为了让婴儿能够逐渐离开对妈妈奶水的依赖。如果是用断奶的话，就会引起年轻父母的误解。关东的大姨说，辅食的添加要根据小孩子的喜好进行，不能过早地停掉母乳，也没有必要完全停止奶制品。

如果不是特别讨厌牛奶，一生都没有断奶的必要。只不过是在婴儿期对牛奶的依赖更多一点儿罢了。

断奶是给那些母乳喂养的人说的，母乳喂养会让小孩子的进食变得不规律。随着时间的延长，母乳的营养也会下降，最好在一岁以内就完全更换为牛奶。

对于那些完全靠牛奶养大的小孩儿来说，辅食的添加可以根据他们的喜好。添加辅食时，口重的人就做得咸一些，口轻的人就做得甜一些。开始时辅食的量不要太多，循序渐进就不会有什么问题。辅食过多时，大便可能会偏软，次数也会增多，但是也有例外的情况。

观察婴儿的整体状态最重要。如果小孩子非常活泼，精神气色都很好的话，即使是大便偏软，次数多一些也不要担心。

添加辅食的时候，最值得信赖的就是体重计了。所以，不用体重计是很难把辅食添加做得很好的。辅食添加还有一点重要的事情，那就是餐具的消毒问题。辅食的种类不能太单一，餐具要用开水反复烫洗。操作者的手也要注意保持清洁。

像给小鸟做碎食一样，有些人也喜欢用滤网给小孩子做辅食。但由于滤网之类的东西很难消毒，我作为医生是反对的。

我觉得应该像大姨做的那样，就把平时大人吃的那些柔软的、易消化的食物慢慢地给小孩子添加是最安全的。最好不要给小孩子做什么特制的辅食，家里现成的东西就是最好的了。如果特意给小孩子做好了辅食，就会不知不觉中犯下强迫进食的错误。

第二章

一岁前后

肠套叠（一）——突然腹痛

今天我就满十一个月了，又是一个值得庆贺的日子。爸妈给我准备的礼物是一小块蛋糕。另外，妈妈还多做了几个小菜，给爸爸打开了一瓶啤酒。

第二天早上，天刚刚亮，一阵刀割样的疼痛让我从睡梦中醒了过来。我第一次感受到腹痛这种痛苦，忍不住大声哭了起来。妈妈被惊醒了，起身来到我的小床边，把我抱了起来，又是拍又是亲我的脸蛋，但是我的腹痛一点也没有减轻，我哭得都快上气不接下气了。

“老公，快点呀，孩子不太好，可是我感觉他也不发烧啊。”

爸爸马上过来，看着我说：“小宝贝的脸色很不好啊。”

“是不是因为你昨天给他尝了一点啤酒啊。”

“不可能，我觉得是因为你买的奶油蛋糕有问题。”

我哭得嗓子都哑了，忽然觉得胸口一热，有什么东西从口里喷了出来。

爸妈更着急了，决定送我去医院。爸爸抱着我，妈妈着急地收拾着出门用的东西，我忽然觉得肚子不痛了，我的情绪立刻好了起来，对着爸爸咧开嘴笑了一下。

爸爸说：“好了吗？难道是我一抱没病了，真是个捣蛋鬼，再睡个回笼觉吧。”

我又被放回了小床上，妈妈也放下收拾好的物品，回过身来盯着我说：“小宝贝，你这是怎么了呀？不要再吓唬妈妈了。”

看上去妈妈仍然是不敢放松，爸爸很乐观地说：“可能是梦见什么可怕的事情吧。”

我这次哭可不是什么做梦，刚才确实让我疼得受不了了，我真想说给爸爸听，可是我还不会用语言表达。

正想着呢，肚子又疼了起来，和刚才的疼痛一模一样，我感觉肚子疼得都不是我的了。小腿卷曲着，紧贴在肚子上，这样做肚子才能舒缓一些，但还是让我忍不住地大声哭了起来。

“小宝贝还是生病了，赶快去医院吧。”

爸妈很快把我带到了诊所，我一看到是诊所，想到又要忍受打针的痛苦，哭得更是没法停下来了。如果一直在家里待着，不疼的时候我还能有个笑模样，可以让爸妈明白我腹痛不过是每隔十分钟才发作一次。但是看到诊所后，我就吓得一直哭个不停了，真想赶快离开这个鬼地方。

妈妈按过诊所的门铃后，护士就跑了出来，说："医生要一个小时以后才能回来。"

肠套叠（二）——有规律的腹痛

妈妈听说还要再坚持一个小时，顿时感到茫然无助。但她很快就镇定下来，决定去大一点儿的医院。

“附近还有其他医院吗？”

“坐一站公共汽车再向前走一点儿有一家医院。”

妈妈向公共汽车站的方向一望，发现正好有一辆公共汽车开了过来。妈妈抱紧我飞一般地跑向汽车站，登上了这辆公共汽车。

上车后，我的肚子也不疼了，但是刚才反复发作的腹痛已耗尽了我的体力，我躺在妈妈的怀抱里迷迷糊糊地睡着了。

等我再次睁开眼睛的时候，发现已经是在一家没有来过的医院里了，一个穿着传统服装的老人坐在我面前。

对于不穿白大衣的人我是没有戒备之心的，我对着这个慈祥的老爷爷咧了一下嘴巴。老爷爷也对我笑了一下，开始详细地询问妈妈：“看来是挺让你着急的，小宝贝是突然哭得很厉害吧，像是哪里疼才哭的吧？哦，也有不哭的时候，但隔一会儿又哭得很厉害。后来嘴里吐没吐过奶呀？

哦，还真吐过了，都是一些黏液似的东西吧。一晚上都没吃过东西，所以也就没有什么可吐的。有没有发热呢？哦，没有，现在我摸着体温也不高。”

老爷爷似乎什么都明白了，他转身对护士说：把X光机打开吧，准备着给这个小家伙做钡餐。

我的肚子又开始疼了，忍不住一阵折腾，老爷爷低头仔细观察着我的变化，妈妈担心地问道：“大夫，是哪里有问题啊？

“哦，是肠子重叠在一块了，也就是肠套叠。要是顺利的话，不用手术也能治好，但不试是不知道的。

我被带进一间没有灯光的房间里，一股冰凉的液体从屁股下面钻进了肚子里。

“就是肠套叠，我说得没错。”

老爷爷边说边用手按压我的肚子，我似乎感觉到X线正在穿过我的身体。突然间我的肚子就一点儿也不疼了。

“通过水的压力，肠子已经复位了。多亏当妈妈的发现早，你如果晚来3个小时，就必须手术才能复位，如果超过24小时并出现中毒症状的话，那么单靠手术也难以恢复。

多么可怕的事情啊，如果我的肚子再晚疼一会儿，就会在小区诊所里胡乱对付一下了，而且我会一直哭个不停，医生也不可能正确诊断，又不会有时间像老爷爷那样仔细地给我诊察。而且一定会被认为是消化不良，打上一针也就让我回家了。

肠套叠（三）——早发现可以不手术

我回家没多长时间就成了新闻人物，整个小区的人都知道我患了肠套叠，而且没有住院开刀就治好了。这要“感谢”对门的阿姨，必须承认她就是我们小区的新闻发言人。

受这条新闻冲击最大的当数小区诊所的那些医生、护士了。他们再也不能像以前那样对待病人了。小区的妈妈们对这条新闻最感兴趣的是，肠套叠可以在早期通过灌肠治愈，所以这两天只要发现小宝宝突然哭闹，就先怀疑肠套叠，直接到诊所就诊。可怕的是来诊所的孩子都是一个症状，仿佛是在诊所里练习小合唱。

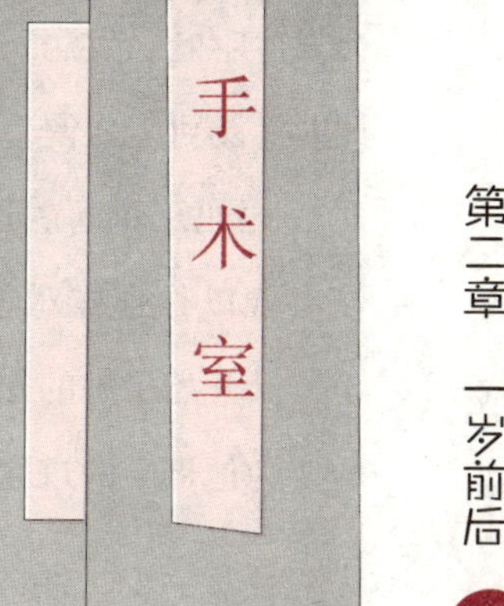

对于这样的病人，诊所的医生以前也就是在腹部听一听，然后打上一针就算治疗了。但现在却要对这么多“生病”的小宝宝进行正确的腹痛按诊并确定是否有肠套叠，急得医生不停地擦汗，在检查完每个人的排便情况后，还要

向宝宝的父母们解释怎么回家观察症状的变化。我和妈妈很快就知道了小区发生的这些变化，因为有两个妈妈在诊所给自己的小宝宝看完病后，还是不放心，就又来我家咨询了。她们一进门都问同一个问题：

“请帮我们看看吧，这小子突然就哭了，是不是和你们家宝宝一样得了肠套叠啊？”

我妈妈毕竟不是医生，对这样的问题她也感到很为难：“我也没办法帮助你，还是找医生看吧。”

妈妈感觉还是该为她们做些什么，于是把我就诊时所听到的关于肠套叠的知识全都告诉了来我家咨询的人。

肠套叠是婴幼儿的一种常见病，常发于4个月至1岁半左右的婴儿。发病与季节没有相关性。发病早期的症状为突然哭闹、脸色发青，虽然不发热，但婴儿的一般状况很差。肠套叠腹痛有一定规律性，一般间隔10到15分钟发作一次，每次持续五六分钟。

只要肠套叠还存在，腹痛就会反复发作。勉强进食就会发生呕吐。发病三四个小时后，肠套叠部位会出现坏死，此时灌肠可见血便。

妈妈正讲解着这些专业知识，爸爸下班回家了。妈妈没有像以往那样对爸爸说“您回来了”，而只是停顿了一下，又开始了她的知识传授。爸爸也成为我生病的受害人，他要为他那天的过度乐观而自责。

体重偏低——生命力旺盛

我在向直立行走而努力，现在我抓着小床的围栏，可以走上一圈了。昨天，爸爸把我放在桌子旁边，我手抓着桌子，腿就站了起来。爸爸觉着我还有能力，在我面前拍手招呼我，我就松开手要走向爸爸。

爸爸如同发现新大陆一般冲着正在厨房里干家务的妈妈直喊："快看，快看，我们的小宝宝可以独自站立了。"

妈妈拿着未洗净的盘子就冲了出来，但这时我已经一个屁股蹾坐在了地上。

爸爸就是一个心急的人，上个月就给我买了一双学步鞋，还煞有介事地放在鞋柜的最上层。眼下爸爸的理想就是我能够穿上鞋和他一起去散步。

妈妈看到刚才的一幕，忍不住为我担心，要是我能走的话，爸爸

这样心急和不小心，我要是骨折了那该怎么办呀？

但我确实是个爱逞强的家伙，因为我有浑身使不完的劲。我不断尝试着我的新能力：碰倒几个餐桌上的调味瓶，打碎几个喝咖啡的瓷杯。这些都让我觉得很有“成就感”。

但住在这样现代化的小区却经常让我四处碰壁，要是住在奶奶的老房子里就好了，我可以捅一捅纸糊的推拉门，或是把纸从下往上给撕下来，那会多么有趣啊。但是在我家就不行了，面对混凝土的墙壁，我无从下手，真是太没情趣了。

我觉得我太有生命的活力了，但马上就受到了打击。今天中午妈妈带我到保健科定期体检，保育员看一眼我的体重就对妈妈说：“都11个月了吧，但离标准体重还差不少，您的宝宝才8公斤，正常孩子要到8.9公斤。还得让他多吃点，要不然发育就要落后了。”

妈妈很吃惊：“现在每顿饭能喝200毫升牛奶，吃一片面包、一片鱼、半个鸡蛋和少量米饼或米饭，这些还不够吗？可是要是再喂的话，他也吃不下了啊。”

“您还要再加把劲啊，至少再喂一些粥吧。争取一次喂两小碗粥，每天给两次。”

保育员边说边拿了一本指导辅食添加的小册子送给了妈妈。

一抬眼，又指着门口对我妈妈说：“快看看那个胖小子吧。”

门口的确来了一位“大人物”。

体重与健康——肥胖不是好事

保健科里候诊的每一位妈妈都把目光投向了这位“大人物”。进来的这个宝宝应该是我们这群小不点儿里的大人物了，而且她的妈妈估计也要超过70公斤。

“据说这个小孩才1岁就已经15公斤了。”旁边的一位阿姨小声地说。

他确实是保育员眼里的健康宝宝，白白胖胖的，双重下巴，手和脚上的肉也堆积得像是带了环状物。他妈妈把他放在了检查的床上，但他只会坐着，还不能站立，更不会牵着手走了。

保育员对我妈说：“他妈是很有耐心的，每天给他做三顿米粥，小家伙每顿可以吃上三小碗呢。”

我还没受过如此大的不公平待遇，要知道胖并不等于健康，有生命力才是健康。我之所以不胖是因为我太爱活动了。

那个胖宝宝连3秒钟都站不了，扔个瓶子什么的更不行了，只能坐一坐。也就每天多吃两碗米饭而已。这算什么健康啊？

但是，保健科就是这样的不公平，我倒属于发育落后的宝宝了。他们对健康的判断难道仅仅依靠体重吗？

妈妈给了我充足的营养，我通过活动把这些营养都消耗了，所以我有了灵活的体格。11个月体重8.9公斤不过是平均数，本来就应该是有轻有重，如果我的活动能力达不到平均值以上，那我的体重就要再增加一些了。但是我的活动能力远远超过了平均值，这点谁也比不上吧。

这里的保育员也不看看我的优点，只关注我的体重，只要低于平均值，就说你喂养得不好，真让人受不了。

婴儿的健康查体应该是很严肃的事情，不看活动能力是不行的。只是看看体重，再问问月龄，然后去对照发育的平均数，那就不需要设置什么保健科了。每家发一盒标有月龄的磁带，自己边听边对照不就可以了吗？

体重轻了，就让你回家多喂辅食，以后要是保育员都这样指导，像我这样的宝宝就不会再来了，那时保健科就会变成肥胖儿俱乐部了吧。

讨厌喝粥——我的爱憎

在保育员看来我的喂养方式是有问题的，至少是辅食添加不足，但妈妈却认为我天生不爱吃辅食，最后也未能和保育员取得一致意见，依然继续着以前的喂养方式。

直到有一天，保健科的保育员来我家巡诊了。

我对保健科的人是有意见的，但是看到这个年轻的保育员辛苦地上门巡诊，心里有些过意不去，于是蹒跚着迎了上去。

“啊，这个宝宝好棒啊，一点儿也不认生。”

保育员像个大姐姐一样把我抱了起来，我也很高兴，就愈发活跃起来，小手抓来抓去，不小心抓住了大姐姐领口的一粒扣子，那扣子好像不怎么结实，我一用劲就给拽下来了。

妈妈赶紧向大姐姐道歉，让她把外衣脱下来，拿出针线，准备把扣子缝上。

就在缝扣子的时间里，大姐姐拿起餐桌上刚刚做好的米粥，准备帮妈妈喂我。

“还是喂米饭，但今天换个花样，做成了粥试试。”

大姐姐看上去很高兴，她认为妈妈听了他们的指导，开始努力改进我的辅食了。

但是我讨厌喝粥，无论大姐姐怎么努力，我就是不喝这样软乎乎的食物。

妈妈已经缝好扣子了，大姐姐再怎么努力我也没喝上几口粥。

“还是不肯吃辅食啊，但是我来看看还是很有收获的，知道了你家宝宝的习性。要是我能有时间一家一家登门看望一下小区里所有的宝宝就好了。但是保健科的人员太少了，一个人要负责六七十个宝宝，这种事情是不可能做到的。”

是啊，这个保育员真是太好了，以后保健科真应该让保育员有充分的时间接触小宝宝啊。

妈妈忍不住问：“为什么保育员那么少呢？”

“保育员有个培养过程，有些女孩子工作没几年就结婚生子了，只好辞职回家做全职太太，因为她们的小孩也需要照顾。要是有专门接收保育员子女的托儿所就好了。而且如果从事保育工作的人员都有生育子女的经历，对她们的本职工作也会有很大的促进作用。”

火车出游——宝宝没人管

今天早上有点异样，爸妈好像都在忙着什么事情。妈妈还很少见地化了淡妆，爸爸也没有像往常一样带着我出门晨练。我只好躺在小床里无聊地蹬来蹬去。即便我已经把床栏杆蹬得吱吱作响，也没有人过来看看我。好呀，也太轻视我的存在了，我就把枕头、床单都抓扯得乱七八糟，这下果然引起了爸妈的注意。

“唉哟，小宝贝，你着急了吗？我们就要去旅游喽。”

爸爸边说边把我抱了起来。

“今晚我们要住在宾馆里了，还是个海景房，高兴吧。”

妈妈穿得也很时尚，接着给我也打扮一番，换上好看的新衣服。

一小时以后，我和爸爸妈妈已经坐在火车的车厢里了。我感觉火车和地铁一样拥挤，在地铁里像我这样的小孩子不会受到什么照顾的，在火车里更是感觉不到。

今天是星期六，出门休假的人比较多，特别是我所在的这节车厢，坐得满满的。好像是哪个公司组织的集体公费出游，人数大概有30多人。但他们之间热热闹闹的场景，好像是把整个车厢包了下来，男同事看上去都有些面红耳赤的，可能是因为刚刚喝了不少淡黄色的液体饮料。

有的人提着瓶子，摇摇晃晃地走来走去，不停地大声嚷嚷着，一点也没有大人样。有的女职员也在喝那种黄色饮料，男同事在旁边不住地起哄，有一女职员大概是被惹恼了，抓着旁边一个男同事一直也不撒手。

这时，有个男的过来调解了，他先大声唱了一首歌，很快两方就和解了，然后一起拍着手合唱了起来，对我来说那只是从未听过的噪音，但对同一车厢的其他女士来说，好像合唱的内容有点不健康。

妈妈忍不住皱着眉头说了一句："这就是我讨厌啤酒和白酒的原因。"

这下我突然明白了，那种黄色的液体饮料就是啤酒，爸爸也经常在家里喝。但好像喝的结果不一样，爸爸喝啤酒后很和蔼可亲，这帮家伙喝酒后很讨厌。

大家都想安静地去旅行，他们这样吵闹真让人受不了。只有小孩子才可以这么胡打乱闹，但那也仅限于在父母身边吧。

小孩子到了外面也知道要安安静静。前几天我去动物园看猴子了。相比之下，他们和猴子一样面目狰狞，但远不如猴子让人放心。我现在真是有些担心，他们会不会过来把我抓走。

宾馆——对宝宝是虐待

我们到达海边的宾馆时，已经是下午两点多了。确实和爸爸讲的一样，我们房间的窗户面对着大海，名副其实的海景房。

刚进房间不一会儿，我就闯祸了：就在妈妈换衣服的时候，我爬出房间，看到走廊上的花瓶里的花太好看了，就忍不住伸手去抓，结果把花瓶给弄倒了。

服务员听到声音走了过来，忙着整理并未说什么，但妈妈却狠狠地批评了我。我却不明白，我去拿我喜欢的东西有什么错啊。

爸爸知道要是再不带我出去，我还可能会惹出更大的祸端。于是也给我换好衣服，一家人去海边散步了。我光着小脚丫，一手牵着爸爸，一手牵着妈妈，快乐地在沙滩上走来走去。但是好景不长，好像有人招呼爸妈立刻返回房间。

原来是宾馆的经理在找我们，要和我们商量换房间的事情。我们的海景房隔壁有人在开派对，经理担心会影响我们休息，让我们换成一个二楼的房间，爸爸提出应该是开派对的人换房间，但经理说那会影响更多的人休息，我们只好搬到了二楼。妈妈忍不住发起了牢骚。

“我们带着孩子反倒成了好欺负的了，爸爸你也太不硬气了。”

“那么你和宝宝能忍受得了隔壁的又吵又闹吗？”

妈妈无言以对。

晚饭又遇到了麻烦，爸妈发现宾馆餐厅里根本就找不到我可以吃的东西，尽是些生鱼片、烤鲍鱼、炸大虾等，我根本就无法消化。

妈妈只好拿出给我预备的奶粉，但又找不到开水，要来了开水，却又没有地方可以洗奶瓶，没办法，只好拿到卫生间冲洗了一下。

大人的社会就是这样，他们根本就不会为小孩子多考虑一点。因为没有开水，我在火车上就一直饿着肚子。即使到了车站，发现只有卖茶水的，仍然找不到开水。

如果大人们能想到小孩子长途旅行的需要，他们就应该设一节婴幼儿专用车厢，并在车厢里设开水间及冲调奶粉的小桌，还应该设置几个带围栏的座椅，让我好安全地在里面睡觉。

晚饭后，我和爸妈又玩了一会儿，睡觉前妈妈要给我洗个澡。我坐在放满水的浴缸里很是兴奋，这儿摸摸，那儿摸摸。不知怎么碰到了热水的出水管道，疼得我哇哇直哭，我再也不想在浴缸里待了。妈妈把我带出浴室，很快就把我哄睡了。

但是到了半夜，我就被楼下派对发出的声音给惊醒了。那声音像火车上的旅游团队一样吵闹，合着轻微地震动，一直传到了二楼我们的房间里。

危险的硬币——眼疾手快的妈妈

第二天早上，我们吃完早饭，就又从海边的宾馆出发了。来旅行的美梦彻底被打碎了。所谓的海景房并没有给我们带来快乐和享受。因为昨晚楼下的派对太吵闹了，我和爸爸妈妈都有些睡眠不足。我们哈欠连天地登上了宾馆前的公共汽车，奔向下一个目的地。

这次旅行的第二个目的是参加我叔叔的结婚典礼。他们就住在山那边的一个小镇上。爸爸走上公共汽车，就赶快找了一个座位坐了下来。

他转头对妈妈说："看来我选择的这家旅馆是不适合带孩子来旅游的。"

妈妈说："你们两个好像还睡了一会儿，我是一晚都没睡着啊。"

爸爸说："是啊。楼下的那个派对太吵闹了。"

妈妈说："真是苦不堪言啊！我们一家本想住在海边，然后睡个懒觉好好地享受一下，但是这样的宾馆太难找了。"

爸爸说："我差点要冲下去找他们理论一番呢。"

我们又坐了3个小时的公共汽车。一路颠簸让我也没办法吃一点儿零食。我的忍耐简直到了极限。终于到了叔叔家里。一杯牛奶下肚，我又感觉一切良好了。

叔叔租的房子是一间配房，但房主却把他们家的正房让出来给叔叔举办婚礼。亲戚们都整齐地坐在宽敞的正房里。还有几个远道而来的阿姨穿着下摆上绣满了好看花纹的漂亮衣服，让婚礼显得很热闹。

在这吵吵嚷嚷的环境里，我却做了一件惊天动地的事情。我发现我前面滚来一个银色的圆东西，让我想起了前几天爸爸给我的一个圆圆的巧克力，我想这一定也是个好吃的东西吧。于是我顺手把它抓起来、塞进了嘴里，但却怎么也咽不下去。

突然，妈妈"呀"了一声，跑过来一把抓住我的脚，把我头冲下脚冲上地吊了起来，并不停地上下晃动。我吓得大声哭了起来，刚才吞进嘴里却怎么也咽不下去的、那个银色的、硬硬的东西就从我的嘴里滑落了出来。

周围的亲戚也马上围了过来。有人说："这不是一枚硬币吗？这个妈妈很用心呀。幸亏发现得早，并及时采取了正确的措施，要不然就危险了。"

我虽然也感激妈妈眼疾手快，但是被她突然头朝下、脚朝上地倒提了起来，还是吓了我一大跳，哭声是怎么也止不住了。爸爸妈妈认为婚礼上是不能再有我这样的调皮小孩添乱了，于是把我交给了房东家的老奶奶。老奶奶把我放在地上，并用一个被兜把我包了起来。可能是刚才太累了，我很快就睡着了。

也不知又过了几个小时，我醒了过来。正房里仍然传来一些吵吵闹闹的声音，我想大概是婚礼还没结束。大人的集会真是多啊！

又见夜哭郎（一）——喜欢和爸爸玩

一天的旅行让我很是疲惫，即使是回到了家里，我也没法安定下来。

前天晚上，我睡到半夜，感觉自己又回到了那所海边的宾馆，又听到了那种吵闹的声音，男男女女都喝得一脸通红，还在不停地跳来跳去。我的头都要炸开了，我太害怕了。想到只有我一个人在儿童床上，我不禁吓得大声哭了起来。

我感觉有一个人走到了我的床边，边拍我边说："小宝宝，你怎么了？为什么哭呀？"

哦，是我的妈妈。妈妈大概是因为上次尝到了教训，我一哭她马上就醒了，先用她的额头贴着我的额头，看看我是不是发烧了，接着又检查我是不是尿湿了被褥。但这些都不是，我还是一直在哭。

妈妈把我抱了起来，我觉得稍微安心一点，便停止了哭声。这才让我想起刚才是做了一个梦。妈妈看我不哭了，就又把我放到了儿童床上，想让我尽快睡觉。但当我孤零零一个人躺在儿童床上时，我又感到非常害怕，就又忍不住哭了起来。

这一次爸爸也被惊醒了。

“怎么了呀？是不是身体哪儿不舒服呀？”

一向大大咧咧的爸爸也变得慎重起来。

“好孩子、好孩子，别哭了。看看，爸爸给你一个东西。”

爸爸边说边把一个塑料球放在我面前晃动。我看到花花绿绿的塑料球在我面前摇来摇去的，觉得非常有意思，就停止了哭泣，还大声地笑了起来。

爸爸说：“没什么大问题，如果能这样笑得出来就肯定没有病。”

但我却一点儿睡意也没有，想和爸爸接着玩。于是我

把手伸向爸爸，让他抱我起来。就这样，爸爸陪着我玩了一个小时，我才去睡。

昨天晚上也是睡到半夜，我又梦到一群喝醉的人在我面前走来走去。我一哭，这些人就都消失了。妈妈又出现在我的面前。因为我想和爸爸一起玩，所以即便是看到了妈妈，我也没有停止哭泣。爸爸虽然睡得朦朦胧胧的，但还是起来陪着我玩了。

早晨爸爸睡过头了，早饭也没吃就赶着去上班了。

出门前，爸爸忍不住说："我实在受不了了，要是以后每天晚上都这样的话，我大概撑不下去了。我看这小孩还是哪儿有毛病，今天你一定要带他去看一看医生。"

爸爸边说边走出了家门。妈妈整理好家务就带我去了小区的诊所。对我来说世界上最恐怖的地方就是小区的诊所了。所以，当我看到诊所的大门时，就又忍不住哭了起来。

诊所的医生并没等妈妈把我的情况说完，也不问我为什么哭，就拿出听诊器在我的胸脯上听了几秒钟。妈妈的介绍刚一停顿，医生就给出了诊断：这小孩是得了夜惊症。

又见夜哭郎（二）——这个药真苦啊

“什么是夜惊症？”妈妈忍不住向诊所的医生问道。对妈妈来说，这个病名太难以理解了。

医生说：“就是夜间容易惊醒的一种病症，这属于精神疾患的一种。如果不让小孩在精神上安定下来，他就会一直哭。我给你开点儿药吧。”

妈妈拿完药就把我带出了诊所，我立刻又感到人生变得灿烂光明了。在我看来人生并没有什么可怕的东西。我有能力去应付各种各样的事情。

到了家里，我在地板上爬来爬去。我高兴地拿起一张报纸就“哧哧”地撕成两半。妈妈大概是看我太活跃了，摆出一副很奇怪的表情，但她并没有批评我，而是直接去了厨房。

但她很快就出来了，并对我说：“小宝宝，咱们吃点儿甜甜的糖吧。”

妈妈边说边把一小勺白色的粉末样的东西送到了我的嘴里。我确实感到了甜甜的味道，但当我就要把这一口砂糖咽到肚子里时，我突然感到不对劲。在甜味的后边，我感觉到了一股非常让我讨厌的味道。于是我把嘴里的东西全吐了出去。这时，我看到妈妈的表情很是失望。

大概又过了两个小时，妈妈给我端来了用苹果做的果酱。我是最喜欢吃苹果的，于是张开嘴就吃了一大口。但是我又上当了，我还是感觉到了那种讨厌的味道。接着我又把吃到嘴里的东西都吐了出去。

到了傍晚，爸爸下班回家了。

妈妈说："医生说是得了夜惊症。"

爸爸说："夜惊症？就是晚上惊恐不安吗？"

"是的，是一种精神病症，是因为精神不安造成的。"

"那给药了吗？"

"给是给了，但小宝宝却怎么也不吃啊。"

"是吗？那让我来喂他药吧。"

晚饭后，爸爸把我抱起来搁在他的腿上，妈妈又拿来了我喜欢的苹果酱。有了上午的经历，我知道里面一定混有不好吃的东西。

"宝宝，给你个好吃的东西。"

爸爸边说边把一勺果酱送到了我的嘴边。我闭着嘴，一点儿也没有接受的意思。爸爸把小勺放在自己的嘴边，吧嗒吧嗒，好像很好吃的样子。但我仍然没有改变我的立场。

你想吃就吃吧，让你们这些大人精神安定一下吧，我就免了。

爸爸看出我是无论如何也不会吃他给我的果酱的，于是他摁住我的双手，把混有药的苹果泥硬往我嘴里塞。

这不是家庭暴力吗？对我们小孩子是不允许实行家庭暴力的！

我做出了最大的抵抗。妈妈在旁边看不下去了。

她说："算了吧，不要勉强我们的孩子了。"

又见夜哭郎（三）——长心眼儿的证据

妈妈对我实在没有办法了，就又带我去了诊所。

她对医生说："大夫，我们家的小孩怎么也不肯吃药。"

医生说："要是实在喂不下去药，那就只好打针了。"

妈妈虽然知道我打针时哭得最厉害了，但是为了让我夜里不再哭闹，也只好这样做了。妈妈把我交给护士。虽然我手脚不停地扑腾，还又哭又闹，但医生还是把我给摁住打了一针，那种感觉好像被烫了一样。我对我的妈妈太有意见了！

走出诊所后，我思绪万千。我爱妈妈，妈妈也爱我。可她怎么能够看着我在诊所里那样撕心裂肺地哭呢？爸爸也是爱我的呀，但他为什么要给我吃那么难吃的东西呢？我以后再也不相信这些大人了。我必须要用我的力量来保卫自己。我觉得首先要做的就是对所有我吃的东西保持一份警惕。

中午我只喝了一点儿牛奶。因为我觉得牛奶还是原来的味道，于是我多喝了一点儿。除此之外，妈妈准备的米饭、鸡蛋，我都没吃。因为我讨厌那种怪怪的味道。再用勺子喂我米饭什么的，我都不张嘴。妈妈看我只喝了一点儿牛奶，其他什么也不吃，很是担心。又给我做了几样我以前爱吃的东西，但只要是用小勺喂我，我都不张嘴。晚上爸爸回来了。

“今天去看医生了吗？”

“是的，今天医生还给打了一针。”

“那太好了。”

我爸爸在说什么呀！他哪里知道我的痛苦。

晚上，我又做了噩梦。但这次梦见的不再是喝醉的

人，而是医生。这是个穿着白上衣的医生，他拿着注射器向我走来……我吓得大声哭了起来。妈妈又过来了。这次爸爸没来，因为他已经累得不想再和我玩了。妈妈后来一直抱着我睡到天亮。

早晨，爸爸说话的声音把我惊醒了。

“还是打一针有效呀，昨晚好像没怎么哭，今天再去打一针吧。”

爸爸这是在说什么啊？打针是怎么也治不好我的病的。我已经11个月了，我做噩梦就会哭的。你们总不能不让我做梦吧。会做梦是说明我在长心眼儿啊。我之所以睡得不踏实是因为白天我活动得太少了。再说了，我晚上睡不好也不是我的错呀，是因为爸爸想陪着我玩嘛。

定期排便——反抗期

我定期排便的习惯是最让妈妈骄傲的了。从我6个月大的时候，我每天早上吃完奶就会排便。妈妈也能大概估计到我排便的时间，会在那时把我带到卫生间，抱着我让我排便。我也就很自然地养成了定时排便的习惯。

但最近我的这个习惯却发生了改变。当妈妈再次带我去卫生间，抱着我慢慢地哄我排便便时，我突然大声地哭了起来，就像是受到了什么惊吓。但妈妈仍然不放弃努力，一直抱着我，哄我排便。而我也和妈妈较着劲，不肯认输。妈妈终于放弃了努力，把我带回了卧室。但我却在那排出了便便。这很大地伤害了妈妈的感情。而且这种事连续发生了几天。

妈妈生气地对我说："你这孩子真讨厌！"

还故作生气地打了我一下。我倒是没觉得疼。但是看到妈妈生气的表情，我被吓哭了。

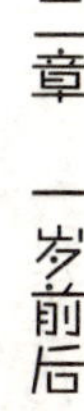

妈妈，我已经长大了一些了，你再那样抱着我，让我排便，会让我觉得很不舒服的。而且卫生间里光线太暗，还弥漫着一种让人不舒服的味道。所以我在那里是不会想要排便的。等你把我从卫生间带出来，回到房间里，我就会觉得很放松，然后就会情不自禁地把便便排出来。我想那大概是因为我精神放松了，而紧张的括约肌也跟着松弛的缘故吧。妈妈，我可不是在给你捣乱哟！

这一星期，妈妈没有再强迫我去卫生间排便便，而是去商场给我买了个可以坐下的儿童坐便器，让我坐在那上面排便。这让我很舒服，而且那个儿童坐便器的前面有个马头，这样我就可以抓着马的耳朵骑在上面。这一次妈妈真是给我帮了个大忙。

但是，这样的好习惯也没持续几天。昨天我又开始不愿坐在坐便器上排便了。因为昨天当我刚刚坐在坐便器上时，我感到坐便器的底座是那么凉，我都忍不住有些发抖了，真让我不舒服啊！我又哭着反抗了起来，不肯坐在坐便器上。

妈妈很快就发现我是因为坐便器的底座凉才不愿意坐在上面。于是她在儿童坐便器的底座上给我垫了一层软软的东西。但是我仍然不愿意坐在上面，大概是因为之前受过冰凉地刺激，已经产生了一种条件反射的缘故。我是怎么也没法接受继续使用儿童坐便器了。对于我这样的行为，妈妈表现得非常失望。

晚上，当爸爸下班回家的时候，妈妈忍不住对爸爸说：“我们的儿子大概到了反抗期了吧，我让他做什么他都不听我的。如果现在就这样，那以后我们可怎么办啊？”

爸爸也表现出很担心的样子。唉，这两个人干吗把事情搞得那么复杂呢，这不过是我的一个正常的生理改变罢了。

脚上长冻疮——
袜子太紧了

这两天天气突然变得非常寒冷，我的脚趾头也突然变得特别的痒。尤其是到了晚上妈妈哄我睡觉的时候，这种痒就变得更难以忍受了，所以我迟迟不能入睡。要是往常，我只要一瓶牛奶下肚就会很满足地睡着了。现在却不一样了。因为脚很痒，我会不停地来回蹬被褥。我是想告诉妈妈我的脚痒。但妈妈却一直也没有发现。

妈妈只是拿一个小凳子坐在我的小床旁边，边织毛衣边跟我说：“妈妈哪儿也不去，妈妈就在这儿陪着你。”

“晚上哭，我们哄一哄不就变好了吗？白天哭的时候，我们哄一哄，你也是变好了的呀。你这小孩儿是不是太让我们操心了呀？”

爸爸边说边看着报纸，但他也没过来关心我一下。

这样的晚上持续了几天。有一天早上，妈妈终于发现了我的“病情”。

“哎呀，孩子的脚有点肿，而且怎么还发红呢，一定是长冻疮了吧。”

妈妈，你终于发现了呀，这就是我不停地哭闹的原因啊。

妈妈对爸爸说：“哎，小孩长冻疮了，怎么办呀？”

“我昨天好像在收音机上听说有一种非常有效的药物，要不你今天去药店问一问吧？”

爸爸上班出门后，妈妈整理完家务，就抱着我去了附近的一家药店。

“有没有治冻疮的药啊？”

药店的叔叔听完妈妈的叙述后，就走到一排摆满药的玻璃柜前不停地寻找着。我们以前来的时候，这个药店的叔叔总是会向我们推荐一家药厂的药。虽然摆了那么多药，但那也只是摆给我们看的罢了。

最后他一定会说：“这家药厂的药非常实惠。”

然后，推荐我们买这种药。他肯定是收了那家药厂的回扣吧。

没几分钟，药店的叔叔转过身来说：“这个药物美价廉。”

啊，这次他果然又推荐了那个药厂的药！

妈妈付完钱就拿着药回家了。

到家后，妈妈把这个外用药抹在我的脚上。因为妈妈把我挠得太痒了，我忍不住咯咯地笑了起来。

妈妈，你也太不善于思考了。怎么会我一有问题就想着给我买药呢？我脚上长冻疮是因为我的血液循环不好的缘故啊。你只要给我的脚保好暖，让血液通畅就可以了呀。比方说每天睡觉之前，你抓着我的脚揉一揉，给我拍拍腿，我的血液循环就变好了呀。

还有我最想要求妈妈的是，你一定要给我买一双好袜子啊。我现在穿的袜子的袜口也太紧了吧，我穿着这么紧的袜子，我脚上的血液循环就会变得很差了呀。唉，这也不能怪妈妈，要怨就怨这袜子的生产厂家，他们做的都是什么袜子呀！

取暖炉——做一个木架子

又是其乐融融的一天，爸爸下班吃完晚饭后，冲了一杯茶坐了下来。

妈妈走过来说："小宝宝的冻疮终于好些了，我想了想，可能是因为我们的房间太冷了吧，看来我们需要增加一个取暖炉了。"

爸爸说："好啊。"

妈妈说："去年买的那个煤气取暖炉倒是可以用，但是去年只有我们两个，今年又多了个宝宝，恐怕温度上不去啊。"

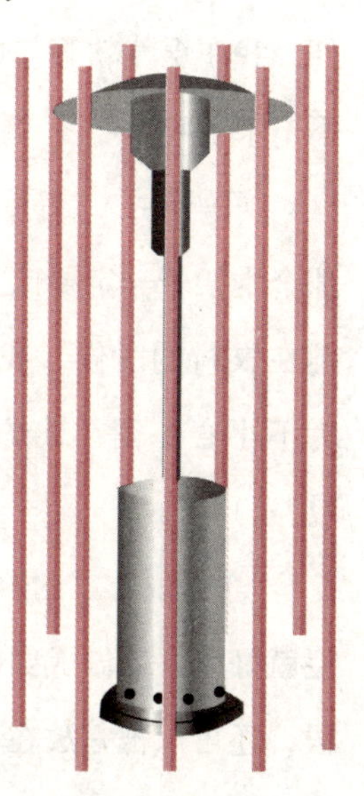

爸爸说："如果再用煤气取暖炉是不是会很危险啊？"

妈妈说："我也觉得是啊。去年我们这个小区就发生了两起煤气中毒事件，两家人都死了，太惨了。"

爸爸说："是啊。我们的这个小区建筑不合理的地方太多了。但是最要命的就是户型太密集，每一家的排风都不太好。如果生个火炉什么的，马上就会因为空气不流通而让人非常难受。”

妈妈说：“可不是嘛。况且我们的小宝宝是个到处乱爬、不安静的小家伙。如果用煤气取暖的话，说不定他会伸手把煤气炉的橡皮管拽下来呀。”

爸爸说：“那他醒着的时候你可一定要好好看管哦，他睡着了把他放回他自己的小床也就没事了。”

妈妈说：“话虽这样说，但是我们小宝宝的小床已经不太结实了，你看床栏杆也不是太高。我都打算跟宝宝一快睡在地板上了。如果宝宝半夜醒了，不小心把煤气炉的软管拔下来，那我们一家就都去见上帝了。”

爸爸说：“不要说得那么吓人吧。我给煤气取暖炉装上一个木架子不就完了吗。这样还可以防止烫伤小宝宝。另外，我在煤气软管与煤气管的接口处用铁丝多缠几圈不就拔不下来了吗。”

妈妈说：“好啊。那你抓紧时间去办吧。但是你做的那个木架子一定要比宝宝高才好哦。我是最害怕烫伤的。以前在农村的时候，我的邻居有一个叫毛毛的小姑娘，就因为不小心摔倒在地炉里，胳膊和脸上都留下了很难看的疤哎。”

爸爸说：“对啊。要是在那个地炉周围围上几个木栅栏就好了，就做成四四方方的木架子的形状，天气暖和的时候，还可以把它放在车上。如果去春游，也可以把小孩子围在里面，这样就不用担心小宝宝会跑到水沟里去了。”

妈妈说：“嗯，但我们家还是不要做那么大的木栅栏了，你看咱们家就那么点地儿。”

爸爸说：“那是当然。这个星期天就让我来做点木工活吧，再不抓紧时间，这个冬天就快要过去了。等樱花开的时候也就用不着了。”

我觉得爸爸妈妈的交谈是那么好听，如果每天都这样交谈就好了。但他们平时总会因为一些琐碎的事情固执己见地争论一番。当然，他们所有的争论都是因为他们爱我。但是如果能像今天这样，一家人和和气气地说话那就太好了。刚想到这，爸爸就打了个哈欠，好像很困的样子。

妈妈也是，一边给我喂奶，一边对爸爸说：“今天收音机里的评书联播我们都忘了听了耶。”

预防接种——害怕白大衣

今天吃完中午饭，妈妈就抱着我向小区的保健科走去。保健科也是我不太喜欢去的地方。我总觉得凡是有穿白大衣的人出现的地方就不是好地方。因为在那里，我不知道什么时候就会被抓起来摁住，然后在屁股或什么地方打上一针。但是如果拿保健科和诊所相比，我还是喜欢保健科多一点。因为这里仅仅是做一些健康咨询，多少能让我安心一点。

当我们走进保健科，我发现今天保健科的气氛有些异样。在保健科的大厅里，我还闻到了一股消毒药水的味道。大厅里已经有几个妈妈和孩子坐在里边，有两三个小孩子还在不停地哇哇直哭。

离我最近的座位上也坐着一位阿姨。她的孩子的脚在不停地乱蹬，好像要让她的妈妈带她离开这里。这个阿姨拿出好吃的威化饼干，但是那个小姑娘仍然不屈服，一手把饼干推开，边哭边要向门口走。

这个阿姨看到我们，忍不住说："带孩子上这里来真是太难了，她好像知道要来做什么似的。你们家的宝宝倒是挺安静的。"

妈妈说："快别这么说了，我们家的这个待会儿进到诊室没准还不如你家的小姑娘呢。"

我当然是要苦恼的！无论对谁来说，都不可能会心平气和的、在一个会把你弄得很痛的地方待下去的。我们小孩子也有基本的人权啊。你们大人也太不替我们小孩子考虑了。我们小孩子在保健科或诊室里哭的时候，你们是没办法安慰好我们的。

这个阿姨接着对妈妈说："唉，现在这小孩子的预防接种也太频繁了吧。今天都是来做天花接种的吧。下面还会有三次百日咳的预防接种，再往后又是预防白喉的三次接种，之后还有什么结核菌之类的预防接种，也不知道能不能稍微给我们减少一点儿。"

真是英雄所见略同啊！其实我早就这么想了。像我们这些小孩子现在都健健康康的，没有什么疾病，但还是要不停地来打针。这真是太可怕了！这害得我们都有些条件反射了，只要一看见穿白上衣的人就吓得不行，哪怕他只是位理发师。这对于理发师来说就太不公平了。真希望理发师们能联合起来给政府提提意见，让这些负责预防接种的医生都换上绿色的上衣，这样就能和理发师的白大衣区别开了。

终于轮到我去治疗室接种了。看来我是逃不掉的了。当我看见一个男医生戴着口罩站着里面，也立马吓得大声哭了起来，使劲地抱着妈妈。但是这又能怎样呢？

咦？好像发生了什么事情，在我前面打针的小孩一直都结束不了。我仔细一看，原来排在我前面打针的是隔壁的小鸽子姐姐。小鸽子姐姐的妈妈是一个制衣店的老板，她好像很生气的样子，在和医生理论着什么。

我听见她妈妈说："我的这个小女孩可是很爱漂亮的哟！如果在她的胳膊上留下这么大的一块疤，那多不好啊。能不能不在胳膊上，而在其他的地方接种啊？"

医生听了直摇头，说："不行，必须在胳膊上接种！"

天花接种——只能在胳膊上接种

小鸽子的妈妈依然缠着保健科的医生不放："为什么不能把天花接种在胳膊以外的其他地方啊？种哪不都一样能起到预防作用吗？"

医生说："是啊，免疫效果是一样的。但是我国的预防接种法规定天花接种必须在右上臂。"

小鸽子的妈妈说："不要跟我说什么规定，我就要你给我接种在脚上。我们家的小姑娘刚刚做了件没有袖的漂亮衣服，要是你给接种到胳膊上，那衣服还能穿吗？"

但是，医生变得更为冷漠了，他说："我们不能违反法律。"

小鸽子的妈妈说："那我们就不种了，爱怎样就怎样吧。"

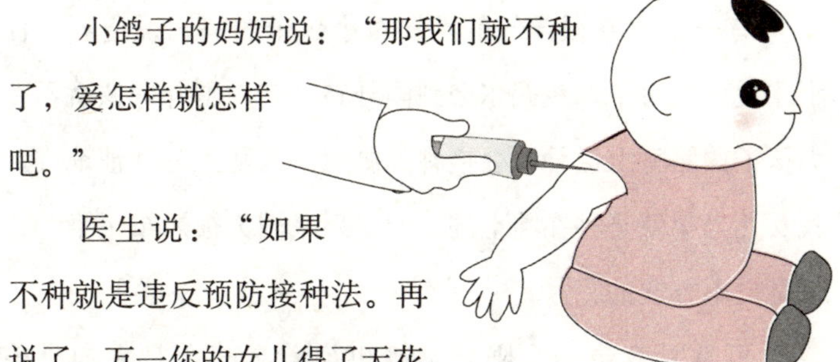

医生说："如果不种就是违反预防接种法。再说了，万一你的女儿得了天花，

她脸上就会长满雀斑，那会变得更难看的。”

这次小鸽子的妈妈不得不服输了。

但她马上又问道：“去年我们日本有天花发生吗？”

医生说：“没有。但那是因为我们所有的日本人都接种了天花疫苗，所以不可能有天花发病。”

这下小鸽子的妈妈是彻底死心了。

她抱着小鸽子坐在医生面前，嘴里还不停地嘟囔着：“我就是不明白为什么一定要接种在胳膊上啊？这是什么法律呀。我记得过去就不是接种在胳膊上的。”

小鸽子也拼命不让接种在胳膊上。但那也没用。接种很快就结束了。

可能是因为小鸽子耽误了不少时间，接着该给我接种的医生变得很急躁，他很快就在我的右上臂上接种好了。

我后来想了一想，这次的接种真是疼啊！就这样被大人硬摁着，然后还被弄得这么疼，真是太可怕了！我这一次哭得比前几次更厉害了。

回到候诊大厅，大家都在等着领取接种的证明。

有一个穿着很洋气的阿姨对小鸽子的妈妈说道：“你刚才说得太对了。我偶尔会到国外转一转，国外好像就不在小孩子的胳膊上接种，会接种到脚上、大腿上等其他地方。我女儿当年就是种在腿上的。但是后来因为被尿布污染了，也是挺不方便的。”

再看看旁边一个阿姨。她也抱着个三个月大的小孩来接种。那小男孩睡得真香啊，一点儿都没有害怕的样子。

这时，我突然明白了一个道理：大家尽量都在出生后半年内完成预防接种就不会这么痛苦了。

生活的节奏——
社会体制和家庭情况

天上突然传来的一阵很刺耳的声音，把我从午睡中惊醒。我睁开眼睛，看见妈妈正坐在窗台上织毛衣。妈妈是很了解我的性情的，每当我从睡梦中醒来，只要看不见熟悉的面孔，我就会哭个不停。

这次妈妈也发现我被惊醒了。她面朝我，露出很慈祥的笑容。但我确实是被刚才的噪音吓得不行了，忍不住向妈妈撒娇地哭了起来。正如我想的那样，妈妈走过来把我抱了起来。可天上传来的那刺耳的声音仍然一点儿都没有要消失的意思。

妈妈边拍着我边说："小宝宝，别害怕，妈妈在这儿呢。"

但是，我仍然觉得这刺耳的声音很吓人。

妈妈对着我说："没关系的，小宝宝。你瞧，是直升飞机在天上飞。"

妈妈边说边把我抱到窗边，让我看着窗外的天空。

我看见一个黑压压的东西停在我们小区的上空。那就是妈妈说的直升飞机吗？可它为什么飞得那么低啊？这儿可是住宅小区呀。难道他不知道住宅小区的人需要一个安静的生活环境吗？他们在这里飞来飞去时发出的刺耳声音会惊醒多少正在睡觉的小宝宝啊，而且这也会影响到那些在学习的小学生呀。

妈妈让我看了一下直升飞机，她想让我知道这种刺耳的声音就是这个讨厌的东西发出来的。她大概认为我看明白了，又把我放回我的小床上，让我继续午睡。

妈妈又是拍又是唱催眠曲。但对我来说，一旦错过了午睡时间，我就再也睡不着了。所以，尽管妈妈唱了好多首催眠儿歌，但我依然没有入睡。最后反而伸出小手要求妈妈抱我起来。

像我这么大的小婴儿，生活的节奏是非常重要的。每天早上几点起床、几点吃早饭、几点睡午觉、几点出去散步、几点洗澡、几点睡觉都是大致固定的。这是在每个家庭里的每一个婴儿都会逐渐形成的一种规律性生活。正是有了这样一套完整的作息规律，我们的一天才变得平静而有活力。

但是在当今社会，大人们的生活却变得那么没有规律。熬夜已经成了大人们普遍存在的坏毛病。与此相对应的，我们婴儿的生活也发生了变化。大人们熬夜却让婴儿早睡，那么这些婴儿肯定会在第二天很早醒来，这就会影响大人们的睡眠。

所以，熬夜是我最不喜欢的事情。如果我们睡得很晚，那么我们也就会起得很晚，一天的生活规律就会被打乱了。因此我也特别讨厌午睡时被吵醒，像邻居的那位阿姨就是因为经常吵得我无法午睡而成为我最不欢迎的人。

我用了整整一个下午的时间来调整自己的生活节奏。到了晚上，爸爸下班回家了。

他一进门就说：“今天我遇到了一起交通事故，一辆摩托车把一个小孩子给撞了。据周围的人说，那个小孩子是因为看见天上的直升飞机洒下了很多广告宣传单，他是在捡地上的宣传单时发生了交通事故。政府也不出来管管，像这样的商业活动应该全面禁止呀。”

我特别赞同爸爸的说法，因为今天我觉得直升飞机太让人讨厌了！

从床上掉了下来——头摔了就会变傻吗

妈妈一直都是手工编织毛衣，但当她知道隔壁小胖的妈妈有一台毛衣编织机后，就忍不住想借来试一试。

今天机会终于来了。小胖的妈妈说可以把机器借给我妈妈用一天。一大早，妈妈就从小胖妈妈那里取回了毛衣编织机。小胖的妈妈也跟过来指导妈妈怎么使用。我也觉得这个毛衣编织机是个新鲜玩意儿。但看了一会儿，在那咔塔咔塔单调而有节奏的声音影响下，我很快就睡着了。

也不知道睡了多长时间。当我再次睁开眼睛时，我发现妈妈和小胖的妈妈依然在毛衣编织机前忙个不停。我想那大概是个很有趣的玩具吧，要不这些大人怎么会那么入迷呢。我也忍不住想去凑个热闹。

于是，我抓着小

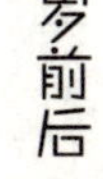

床的栏杆站了起来。正好小床的栏杆下堆放着我用的小被子。我踩着小被子，自己也就变高了，栏杆就变得比我的腰还要低一些了。好了，这样我不就可以迈过去找妈妈了吗。于是，我身体往前倾，感觉自己就要翻出去了，可接着我却踏空了。

我听到“嘣”的一声，感觉是我的脑袋撞到了什么东西。哦，我这次算是现眼了。我从床上掉到地上来了。我觉得头很疼，哇哇地哭了起来。这时，妈妈已经跑到我的身边把我抱了起来。

“哎呀！摔到头了！小宝宝，你真可怜！你怎么这么调皮呀？”

小胖的妈妈也走了过来，她说：“好像没怎么受伤，我们也太不小心了。”

妈妈说：“要不要去看医生呀？”

小胖的妈妈说：“不行，现在最好不要随意搬动小孩。”

小胖的妈妈好像很有经验的样子。

她接着说：“即使是摔了头，如果能马上哭出来的话就问题不大。我们家的小胖也不知道从床上掉下来几回了。我每次带他去医院时，医生总是关心是不是马上哭了出来。如果我说他是马上哭出来的话，医生就会说没什么大问题。因此我也就记住了。而且医生也告诉我们，头部受到摔打后，最好不要随意搬动。每次医生还会嘱咐我们说，如果宝宝摔完能马上哭出来的话，就不用带到医院来了。让孩子在家好好休息，或者对头部做些冷敷就可以了。所以，后来每次小胖摔到头，我也就给他做做头部冷敷就算了。”

妈妈听小胖的妈妈这样解释也变得稍微安静了些。

但她还是忍不住又问道：“头摔了以后，孩子是不是就会变得很傻啊？”

小胖的妈妈听到这话，神情有些变化：“我们家小胖平常就傻乎乎的，再怎么摔也不会比这更厉害吧。”

妈妈好像不知道该说什么好。

这时，突然听到小区的广播响了起来：“有谁看到老李家的大儿子了吗？”

孩子走失了——最小的偷渡客

老李家的大儿子是一个只有两岁半，但却极其活跃的小男孩，可以说和我一点儿都不一样。这个小子可是个捣蛋鬼，把小区中心花园里所有的花都摘下来就是他干过的好事。当大家听到是他走失了时，没有一个人觉得奇怪。因为他平时就会一转眼消失在大家的视线中。但是当后来知道他跑到哪儿去的时候，小区里的人才觉得他真是一个有能力的孩子。因为这次他跑到了地铁站的终点。他是在一家小卖店的门口看橱窗里的热带鱼时被别人发现的。

他是先坐小区门口的公共汽车，到终点站后又钻进了地铁里，然后坐地铁一直到达终点站。他的活动能力真是超强啊。连我都忍不住佩服他勇于探索的强烈欲望啊。他之所以走了这么长的路都没有被人发现他是个迷路的孩子，是因为他和其他迷路的孩子完全不一样。其他的孩子如果迷了路，就会马上吓得哭了起来。正是因为人们有着迷路的孩子会哭这样一种偏见，才会让他又是汽车又是地铁地走到了几十公里以外的地方。

小区里的人们都觉得老李家的老大真是一个冒失鬼。但是我却不这样认为。因为像我们这些住在小区的孩子，都会特别喜欢公共汽车和地铁列车的。因为公共汽车和地铁可以带我们去很多好玩的地方，像动物园、海洋馆、郊野公园等等。我们这些小孩子都觉得，只要坐上公共汽车或地铁就能到一个会让我们特别开心的地方。

如果想要打消我们坐公共汽车或地铁出门的念头，就得把小区的游乐设施完善起来。最好能建一个专门供我们小孩子玩的公园，里面设一些可以供小孩子坐的小火车。或者是挖几个水塘，放上几只鸭啊、鹅啊，在里面游来游去。最好还能有片沙坑，可以让我在里面挖个沟、堆个山什么的。如果这些东西都建好了的话，老李家的老大和我就不会那么想去坐公共汽车和地铁了。

当然，老李也要负一定的责任。他应该在孩子的衣服上系上一个标牌，写上孩子的家庭住址和父母的联系电话。

另外，公共汽车的售票员也有着不可推卸的责任。他知道我们这些小孩子都是很喜欢坐做公共汽车的。如果他发现有很小的小孩子单独坐公共汽车，就问一句：小孩子，你的父母在哪里啊？那么也就不会有小孩子走失了。作为在小区周边穿行的公共汽车售票员应该有义务防止小孩子走失。

这次老李家老大的冒险行动在小区的妈妈们之间产生了很大的震动。这些妈妈们都认为小区的生活有着安全上的不足。虽然住宅小区体现了社会文明的发展，但它的设计却没有充分考虑小孩子们的生活。对于没有住过住宅小区的人来说，现代化的小区实现了大家拥有一个家的梦想。但是这样的小区却有着很多不完善的地方，比如说我们的小区就没有托儿所。

妈妈们的集会——
希望建一个托儿所

孩子的走失让小区的妈妈们走到了一起。正好小区小学的音乐教师也有一个两岁多的宝宝。她今天召集大家在小学的音乐教室开一个讨论会，目的是为了成立一个非正式的民间组织。

小胖的妈妈来到我家，她鼓动我妈妈也去参加这个讨论会。

她说："你们家的儿子过几天也能满地跑了，你最好也去听一听吧。"

于是，妈妈抱着我也来到了小学的音乐教室。那位教音乐的女教师先让大家分别作了自我介绍。然后，她向大家介绍了这次集会的缘由。她曾经跟物业打过招呼，说准备成立一个托儿所。

但是小区的物业告诉她：小区没有成立托儿所的规划。儿童福利保健法只是规定小区必须有儿童保健科。而且他们认为托儿所是为那些住不起高档小区的贫困家庭准备的，像我们这样现代化的小区是不需要托儿所的。

那位小学女教师最后总结说："政府的目标就是要让

我们这些中产阶级能够安心的生活。但是没有托儿所，我们哪能安心的生活啊？”

这话在到会的妈妈们中引起了很大的共鸣。随后又有两三名妈妈站起来发表了热情洋溢的讲话。

这时我才知道，小区里的人们带一个孩子是多么不容易。特别是像那些两口子都要去上班的家庭。有的家庭只好每天早上由爸爸把孩子送到其他的托儿所，或者委托给邻居家没有工作的阿姨。还有的爸爸改变了工作时间，妈妈去工作时，爸爸就在家照顾孩子。对于这些人来说，他们特别希望小区能有托儿所。

当然也有的妈妈发言并不这么激烈。特别是小胖的妈妈，说话就有点儿轻松、诙谐。

她说：“像我们这些受过教育的妈妈们都还是想做点儿事情的。但要想好好做点儿事情，每天最好能有两三个小时的时间让别人照顾孩子。像我吧，在家里正想要干点儿正事，孩子就会跑过来说我要尿尿。一下子就把我想要做的事情打断了。所以我们女人做不成事，就是因为老是在家里带孩子的缘故。也有人说，你每天趁孩子睡觉的时候加班去干不行吗？但我说最好还是别这样。因为一旦你专下心来去做自己的事情，可能你的孩子就会不知道跑到哪里去了，或者也有可能从床上掉了下来。像我家的小孩子已经从床上掉下来有十几回了。”

听到这话大家都笑了起来。刚才紧张的气氛也得到了缓解。最后讨论的结果，就是说大家都有建托儿所的需要。

有一个特别富有的阿姨说：“我们的孩子就知道赖在自己家里。我先生说我太溺爱孩子了。孩子整天和我待在家里，变得一点儿也离不开我了。先生也建议我每天最好能有两三个小时的时间和孩子分开一下。”

这句话引起了大家的共鸣，大家觉得可以办一个业余的托儿所呀。

看护俱乐部——业余托儿所

中午，小胖的妈妈来到我们家。

一进门，她就说："我把我们家小胖寄存到别人家了，今天是业余托儿所的第一次尝试。"

妈妈抱着我，问道："你们都是哪儿家组合到一起的呀？"

小胖的妈妈说："就三家，楼上做钢琴家庭教师的小田，五楼在眼科医院工作的小何，还有我。我们三家的孩子都刚3岁多。今天我们都把孩子放在了小田家。"

妈妈问："为什么没邀请顶层的小李啊？"

小胖妈妈说："哎呀，那家，就别提了。她家的孩子稍微大一些，而且她丈夫反对我们这样做。她家的家具不是好一些嘛。她丈夫担心孩子们把他家的家具弄坏了。”

小胖妈妈接着说：“你也别说，我也不希望她加入到我们这个看护俱乐部里来。她太爱逗孩子了，如果我们把孩子放在她家，我估计这些小孩子连休息的时间都没有，一定会被她指挥得团团转。我觉得所谓托儿所就是把小孩子看好了不受伤，让小孩子之间一块儿玩就好了。最好大人不要掺和进来。我就觉得幼儿园的老师对小孩子们的管教太多了。把小孩子训练得就像那些被训好的小猴子似的，让干什么就干什么。那多不好啊。”

她又接着说：“正是因为有这样的想法，所以我们成立了看护俱乐部，就是要对小孩子们进行冷处理，不要对他们太过关心。再说，每一个小孩子都有各自的性格特点，保留他们的天性，我们只要做好安全监视工作就可以了。”

妈妈也觉得她说得非常正确，问道：“你们一周有几天这样的托儿所啊？”

小胖的妈妈说：“今天是试运行，所以我们准备先一周一回，一次只托3个小时，而且从每天吃午饭的时间开始。因为这些小孩子如果是单独在家里的话，也不会好好吃饭，如果让他们集中在一起，大概就会抢着吃了吧。以后我们准备一周搞两回，这样我就可以在下午有3个小时的自由活动时间了。”

接着，小胖的妈妈又和我妈妈一起摆弄那个能够织毛衣的小器械了。这次妈妈为了防止我再次从小床上掉下来，在小床周围铺了一层软软的坐垫。我看她们编了一会儿毛衣，就又无聊地睡着了。但没多长时间，我又醒了过来，感觉浑身发冷，而且也平静不下来，头也很痛。于是我又大声哭了起来。妈妈又急忙走了过来。

“哎呀，宝宝的脸怎么这么红啊？好像是发烧了啊？”

小胖的妈妈也走了过来，她看了我一眼，慌张地说：“哎呦，你要小心啊，可别再发生热痉挛啊。”

她刚说完，我就像被电击了一下，浑身乏力，瞬间就失去了知觉。

热痉挛——可以自愈的疾病

我烧得迷迷糊糊，一直到后来完全失去知觉。等我再次醒来的时候，我已经躺在小区诊所的诊床上了。我睁开眼睛，看到一个穿白大衣的叔叔站在我的床前，我立刻明白是怎么回事了。我转头看见了妈妈，忍不住大声哭了起来。

医生说："只要哭出来就没有事了。"

穿白大衣的医生真是比较冷酷无情啊。他对我的哭泣好像没有什么同情心，而是一副很高兴的样子。

"就是个小感冒，即使发生了热痉挛也没什么值得担心的。小孩子神经发育不全，当体温突然升高时，就会发生热痉挛。我们大人不也有这种经历吗？如果突然间高烧，就会浑身发抖。因为小孩子没有发抖的能力，所以他们就会表现出热痉挛。小孩子的这种热痉挛也是体温急剧升高的表现，并不是脑袋出了什么问题。如果在不发热的情况下出现了痉挛，那就很可能是脑袋出了毛病。”

妈妈很迷惑地看着医生。这些话对她来说如同天书一般。因为我今天发生了热痉挛，对我妈妈来说简直震动太大，以至于她穿着小胖妈妈的鞋就抱着我跑到了诊所。可见她当时有多么着急。

妈妈拿了药就带我回家了。我又躺在我的小床上昏昏沉沉地睡了过去。脑袋放着冰袋，脚上却用电热毯保暖。这都是医生让我妈妈做的。到了服药的时间，妈妈把我叫醒，喂我吃药。那药太苦了！但妈妈跟我说，如果吃了药就不用去打针了。我也只好把这很苦的药吃了下去。

隔壁的阿姨听说我烧得很厉害，也到我家来看我了。

她对我妈妈说：“热痉挛就是我们所说的抽风啊！你当时一定很害怕吧？我现在还记得当时我家孩子第一次因发热而抽风时，我有多么慌乱。那天夜里他爸爸抱着孩子去诊所的时候都忘了穿鞋，我也是抓了钱包就追了出去。现在想想真是有点慌张过度了。”

“你们是不是当时打了一针，然后就很快恢复了？”妈妈问道。

隔壁的阿姨说：“是啊，我也以为是医生打的针特别管用呢。后来我的孩子又发生了几次热痉挛。我发现根本不是打针的作用。这种因发热产生的热痉挛过不了多长时间就会自愈的。我觉得医生他们肯定知道这种疾病是可以自愈的，但他们还是给我们打针，让我们感觉治疗特别有效。有一次我在诊所看病时，就听到小区里有小孩子因发生热痉挛而要求医生去会诊。那个医生急急忙忙的，还对手脚不太利落的护士发火了呢。医生肯定知道要是他们晚去一会儿，那个小孩子的热痉挛就会自行痊愈了。”

我真是佩服隔壁的阿姨啊！她对生活观察得那么仔细。但是，我也感觉到她刚才的那番话也有一些夸张的成分。

到了下午，我觉得自己的病稍微好了一些。但是临近吃晚饭的时候，我又烧了起来，这时，爸爸也下班回家了。

第一次发热——连续三天发热

前天下午发热后出现热痉挛，昨天一天热也没有完全退。虽然体温很高，但是既不咳嗽也不流鼻涕，只是食欲差一些。牛奶也没有平时喝得多了，馒头、米饭更是一点儿也不想吃。急得妈妈昨天又带我去了趟诊所。虽然我极不愿意，但还是被打了一针。医生说是一个小感冒，没有什么大问题。

今天早晨一觉醒来，妈妈给我量了一下体温，依然是三十八度。昨天晚上、前天晚上我都睡得不好，夜里有好几次醒过来哭闹不停。爸爸妈妈也跟着没有睡好。特别是爸爸变得情绪很差。

他说："真的是得了感冒了吗？不会是有其他的什么病吧？为什么又是打针又是吃药的还不见好啊？"

妈妈说："那还能是什么病呀？"

爸爸说："嗯，是不是脑膜炎或者是肺炎等其他的疾病啊？"

听爸爸这么说，妈妈突然变得焦急起来，她赶紧抱起我。尽管时间还早，但她依然在诊所的门口等着医生上班。

医生一来，妈妈就着急地说：“烧还是没有退啊，会不会是脑膜炎或者肺炎什么的啊？”

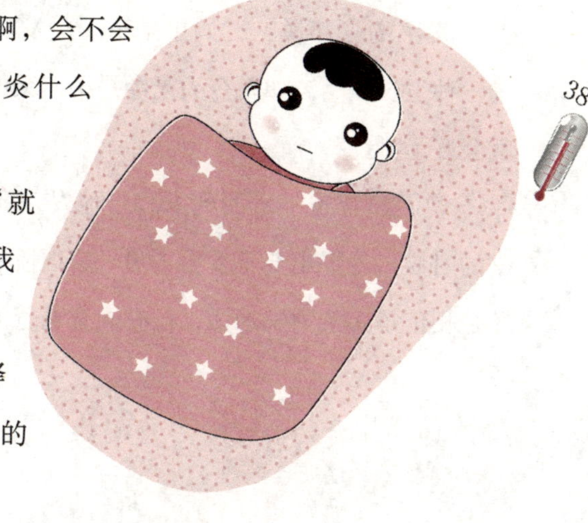

医生说：“就是一个感冒啊，我觉得。”

医生的解释多少有点糊弄人的意思。

医生看到我的妈妈一脸着急的样子，又给我的妈妈解释了一下：“即使是肺炎或者脑膜炎也没什么要紧的啊。这些疾病也是可以通过打针、吃药治好的呀。如果明天还不退烧的话，那我们就给他拍个胸片吧。”

我又被打了一针。热稍微退了一点儿，妈妈就抱着我回家了。但是医生也没说我的发烧一定能够恢复正常。他只是说，明天如果体温再不下降就再去看医生。医生并没有说我的病什么时候才好。所以妈妈不安的心情一点儿也没有消退。

妈妈走出诊所正好遇到一个经常在小区卖蔬菜的阿姨。

阿姨看到妈妈抱着我，还放着冰袋，就问了一声我妈妈：“小孩子是不是生病了呀？”

妈妈说：“是的。这还是我们第一次发烧呢。但是今天已经是第三天了，体温还是没有恢复到正常。”

卖菜的阿姨说：“如果是第一次发热的话，那就说明是一种生长热啊。如果今天已经是第三天的话，那明天肯定就会好了呀。”

晚上，爸爸下班回到家。当他发现我的体温还没有正常的时候，就提出要不要再去另一家医院看看。但是，妈妈还是相信了卖菜阿姨的话，没有同意爸爸的意见。

生长热——小儿急诊

卖菜的阿姨说得太正确了。又过了一个晚上，我的体温果然恢复了正常。但在体温降低的同时，我的脖子、胸脯和背部都出现了很多红色的小疙瘩，而且还有一点儿痒。我觉得浑身没有一点儿力气，情绪也不是很高。早上妈妈在给我换衣服的时候发现了我身上的小红点。

她对爸爸说："哎呀，你过来看看。宝宝身上这是出了些什么东西啊？不会是麻疹吧？"

爸爸跑过来看了一眼说："不会是得了什么传染性疾病吧？快去医院看看吧。"

我又成了早晨第一个去诊所看病的病人。

医生褪下我的衣服看了一眼，就说："哦，这就是小儿急诊呀。一般会在发热第三天出现，同时体温也会降至正常，并不是疾病发生了恶化。但是由于连续三天的发热会让人觉得是什么严重的疾病。只有在这些小红点出来之后我们才知道是一种什么疾病。做医生的也不是神仙啊。这也属于感冒的一种吧，是由病毒引起的疾病。"

妈妈并没有听说过小儿急诊这样一种疾病。她也想向医生再了解一点儿这方面的知识。

她说：“小儿急诊是不是就是老人们常说的生长热啊？”

医生说：“在医学教科书上是没有生长热这个说法的。但是像小儿急诊这样的发烧一般是在几个月大的时候出现，而且不会遗留下什么不好的病症，所以过去的人也可能会把它称为生长热吧。最近我看到几个像这么大的小孩子发烧的，最后都是属于小儿急诊。”

妈妈仍然有些不甘心。因为她知道我以前出现过热痉挛，所以忍不住又问道：“这样的疾病不会反复发作吧？”

医生说：“不会的。小儿急诊一生只会得一次，以后就有免疫力了。有的孩子可能会在一岁半左右的时候发病，再大一点儿的孩子就不会得这种病了。”

妈妈终于明白了。所谓小儿急诊就是一生只得一次的疾病，等出来小红疹子就意味着病完全好了。妈妈也恢复了信心，抱着我回家了。

晚上爸爸比往常回来的要早一些，还拿了一个纸盒子，像是给我买的什么东西。

妈妈说：“小宝宝的热终于退下来了，而且医生说了，完全好了。”

爸爸说：“哎，完全好了？医生说是什么病了吗？”

妈妈说：“小儿急诊。”

爸爸也是不明白小儿急诊是一种什么疾病，但他看我活泼可爱的样子也就放心了。爸爸打开纸盒，拿出了给我买的玩具。原来是几个很好看的不倒翁。爸爸向我演示着不倒翁的玩法。妈妈在旁边忍不住说道：“这个不倒翁怎么长得跟你们科长似的啊？”

托儿所——
繁忙的工作

三四天前，爸爸就开始咳个不停了，到今天也没好。而且妈妈也被传染上了，不停地打喷嚏。只有我依然健健康康的。

今天我们家里来客人了，是妈妈的表妹小美阿姨。她幼儿师范毕业后就分配到K市的一家托儿所里工作。今天，她趁着来我们这里开幼师会议的机会到我家看看。

妈妈说："小美啊，我们可都在等着吃你的喜糖啊。"

小美阿姨说："那你快点儿帮我找一个吧。"

妈妈说："真的吗？我真的要给你介绍一个。"

小美阿姨说："要是真有合适的就好了。像我现在的工作，哪有时间去找男朋友呀。在我们托儿所，一个老师要照顾17个小孩子。即使是管着更小的孩子，也要一个人照顾10个小孩子。像今天我出来开会了，那么当班的阿姨一人差不多就要看管30个小孩子。虽然规定了我们一年有两周的休假时间，但根本就休不成。把孩子托付给我们的那些妈妈们每天只工作8个小时，但是再加上往返路上所花费的时间，她们一天大约需要把孩子放在我们托儿所10个小时。这样一来，我们的工作就变得超负荷了。虽然这些孩子都很可爱，让我不忍、也很难放弃这个工作，但这个工作实在是太辛苦了。"

妈妈听了也忍不住有些吃惊："啊，你们那个托儿所是这样的啊？为什么大家不向上反映一下呢？"

小美阿姨说："我们也向上反映了啊，但是谁听我们的呀。因为男人们都是不愿意看到女人在外面工作的。特别是我们托儿所那些男领导，他们更是一些大男子主义的家伙。托儿所的这些领导们就希望我们这些年轻的小姑娘不结婚才好。他们这些人都是有一些旧思想的人，你要想着给他们改变点什么，那真是太难了。但是话又说回来了，对于那些两口子都有工作的人，这托儿所就显得太重要了。因为两个人都在打拼。我们的工作虽然很辛苦，但一想到能给他们带来一些帮助，我们也就能够坚持下来了。"

妈妈听后不由得佩服小美阿姨的所作所为。因为在我们这样的小区，大家的生活还是越变越好的。没想到在小一点儿的城市，还有这么辛苦的年轻的夫妇在共同打拼。

接着，小美阿姨又高兴地说："今天的幼师大会上，根据我们的提议，会议最后形成了统一的意见，就是将来要增加托儿所，而且要让托儿所的阿姨们能够实行轮休制度，同时准备以后再多招一些阿姨。"

妈妈听了这话也忍不住为小美阿姨高兴。她觉得小美阿姨是那么有能力，不禁又重新打量起小美阿姨来。

不停地拉肚子——胃肠型感冒

小美阿姨和妈妈正聊着天，转过头来看了我一眼，好像发现有什么不对劲。

她边用手试我的额头，边对妈妈说："呦，你们家小宝好像有什么问题，脸色好像有点不正常，不会发烧了吧？"

妈妈听了赶紧走过来，妈妈对发烧这个词太敏感了，因为她害怕我又会热痉挛。

妈妈和小美阿姨正说话的时候，我就感觉自己越来越不舒服了，有点胸闷，肚子还感觉怪怪的。妈妈马上取来体温计要测我的体温。我是最讨厌测体温的。虽然我挣扎着不让测，但是在妈妈和小美阿姨的控制下，只好乖乖就范。5分钟后，小美阿姨很熟练地取出体温计看了看说："体温37.5度。"

我也觉得更难受了，胸口一热，刚才吃的东西全吐了出来，而且肚子也好像失去了控制，有什么东西排了出来。妈妈把我放在小床上，准备要给我换刚才弄脏的衣服。

当她看见我拉稀后，对小美阿姨说道：“哎呀，他的肚子好像也不好啊，还拉了呢。”

妈妈正说着，就接连打了两三个喷嚏。

她又对小美阿姨说：“宝宝又是吐又是拉的，是不是吃了什么不干净的东西啊？”

小美阿姨好像很不以为然，她问道：“姐夫是不是这两天也咳嗽啊？”

妈妈说：“是的，都咳嗽三四天了。”

小美阿姨若有所思地点点头，她十分肯定地说道：“一定是得了胃肠型感冒。最近在我们托儿所就发生了好几例这样的疾病，都是从大人传染过来的。刚才我看见姐姐还打了好几个喷嚏。”

妈妈问：“胃肠型感冒可怕吗？”

小美阿姨说：“因为是在托儿所，所以这样传染性的疾病我们是很担心的。但是也不是什么特别严重的疾病。”

妈妈又问：“那怎么才能治好呢？”

小美阿姨说：“治疗那就是医生的事情了，我们在托儿所是不管什么治疗的，所以我们也怕小孩子生病。”

妈妈又问：“胃肠型感冒病程长吗？”

小美阿姨说：“这个问题太有意思了。我觉得病程的长短应该跟医生的水平有关。因为是胃肠型的感冒，所以只要好好治疗感冒，一般五六天就可以治好了。但是，如果是脾胃弱，而且有几天不能吃饭的话，就需要打一些林格氏液什么的了，可能病程就要拖到十几天才能好了。”

打针——
医疗保险制度与治疗

边听妈妈和小美阿姨说话，我边无精打采地睡着了。等我再次睁开眼睛，便发现又来到了那个让我特别害怕的我们小区的诊所了。

我的面前有一张诊查床，有一个和我一样大的小孩子正躺在床上哇哇直哭。我看见他的小屁股又红又肿，旁边的护士阿姨正拿着毛巾帮他热敷呢。

旁边的另外一张床上，我看见医生正拿着一个注射器给另一个小孩子做臀部注射。那个小孩子也是哭天抹泪的。这让我觉得像是到了人间地狱。我也受到了感染，大声哭了起来。

医生给那个小孩子打完针就过来诊查我的病情了。

妈妈把我的症状跟医生说

了一遍："刚刚吐了，又给喝了点水，就听见他肚子咕咕直叫，好像不怎么发热。"

护士帮着妈妈解开我的上衣。那个医生拿着听诊器在我的前胸、后背听了听，对妈妈说道："哦，你们家孩子就是得了种常见病，而且有消化不良。今天你就给他喝点儿稀的吧，明天再喂些半流食。现在我们要给他打一针。"

我又要被送去打针了。妈妈想起来刚才小美阿姨说的话，她还是想让我能够多吃些东西，这样才能好得快一些。

于是她恳求医生说道："可不可以不打针，给我们一点儿口服的抗生素啊？"

医生说："不行。医疗保险规定不能先使用口服的抗生素。我们必须根据医疗保险的规定来进行治疗。如果打完针还不好的话，才能给口服的抗生素。我们医生只能按医疗保险官员们规定的方法来治疗。我们医生也是弱势群体啊。我们的日常工作都被那些医疗保险的官员规定得死死的。不那样做是不行的。就拿我最近来说吧，为有医疗保险的病人，每天都要写很多不必要的医疗文书。于是我刻了几个简易的文字戳，但他们不同意我那么做。我都觉得他们是有点儿虐待狂，只要我们医生辛苦，他们看着就高兴。为了写这些医疗保险所要求的书面材料，我每个月末都要熬夜。上个月我就听说有两个医生自杀了。据说是因为医疗保险的官员要取消他们保险医的资格。医生水平低，我看也得怨医疗保险。因为要应付这些医疗保险，我们连学习的时间都没有了。即使学了一些新东西，也不能应用。因为我们的治疗必须按照医疗保险官员规定的方式进行。我们一点儿都不能超范围。”

医生也许是很可怜。但我们这些小孩子也很可怜啊。只要一生病，就要给我们打针。这样的医疗保险法就是一部迫害儿童法嘛。我看我们全国的小孩子应该团结起来，进行一次示威游行。

唉，恐怕这样做也改变不了现状呀。因为大人们都是不争气、不讲究科学的。在他们看来只有打针才能让疾病好得更快。

耍小脾气——妈妈不理会

今天妈妈带我到小美家去了。小美家开了一间制衣店，还雇了两三个女工，妈妈想去找她们给做件衣服。小美家雇佣的女工在干活的空闲也喜欢逗小美玩。

就在妈妈和小美的妈妈讨论做一件什么样的衣服的时候，小美家的女工阿姨把我抱到一边准备陪我玩一会儿。这时，另一位女工阿姨也抱着小美过来凑热闹。

小美看着她家的阿姨抱着我，嘴里突然发出“咦”的声音，然后挣扎着伸出双手，要让抱我的阿姨也抱她一下。

抱着小美的那位阿姨说：“她不愿意让阿姨抱别的小孩子了。”

抱我的那个阿姨笑了笑，就把我和小美交换了一下。

我忍不住想：小美的这一声“咦”，就让大人满足她的愿望。看来这样发号施令还是很管用的。发一声“咦”，就可以让抱我的阿姨去抱她。这真是一个很好的指令。

妈妈确定了样式，量好了尺寸，就从阿姨的手里把我接了回来。

小美的妈妈看见我，说：“真是一个乖孩子，奖励你几块牛奶糖吧。”

说着她递给妈妈一小盒牛奶糖。小美看见了，又“咦”的表示不乐意了。

小美的妈妈说：“好，好，乖宝宝，也给你拿几块。”

说着，她又拿了几块牛奶糖递给了小美。

小美的妈妈转过来对我妈妈说：“我们这个孩子现在会耍小脾气了。如果遇到不顺心的事情，她就会发出‘咦’的声音。虽然我也试着让她改改这个小脾气，但是一点儿效果也没有。”

在妈妈抱着我回家的路上，我又想起小美的一举一动来。耍小脾气？我也不知道是什么意思。但至少我发现小美发一声“咦”就可以起到很大的作用。耍这样的小脾气就可以从大人那里得到很多好处。我回到家，我也要试着耍耍小脾气。

回到家，妈妈就把小美妈妈给我的奶糖收了起来，只给了我一块让我吃。奶糖是我最喜欢吃的东西了，所以吃一块我是不满足的，我想都拿来吃。想到这些，我也大声地发出了“咦”的声音。

妈妈有些奇怪地看了我一眼，但她什么也没说，也没把奶糖都给我。她装着什么也没听见的样子，把我放在我的小床上，然后就去厨房做饭了。我又一次大声地发出了“咦”的声音。但是妈妈依然没有理我。

好像我这样耍小脾气对妈妈一点儿作用也没有。真是出师不利啊，我以后再也不会耍小脾气了。

妈妈的爱——最大的安慰

小区的小卖店经常有乡下的阿姨把新鲜的蔬菜送过来出售。今天妈妈想做点儿腌萝卜，于是抱着我来到了小卖店。正好乡下的阿姨刚运来一车白萝卜，我看见车上还放着一个竹子编的筐，筐里面坐着一个比我稍大一点儿的小孩子。他正拿着一个豆沙饼津津有味地吃着。妈妈于是就和卖菜的阿姨聊了起来。

妈妈说："哎呀，这是你们家的小孩子吗？长得真可爱呀！"

卖菜的阿姨说："唉，这小孩子一点儿也不可爱，可淘气了。我平时也忙，主要是他奶奶帮着照看，所以也没怎么管教。只要一有点儿不顺他的意思，他就会哭个不停。没办法，老年人就是惯小孩子啊。但是我们也顾不上，只能这样了。"

妈妈说："你们那不能建个托儿所吗？像我们小区，最近正在讨论准备要建一个托儿所呢。"

卖菜的阿姨说："在夏秋之交，农活比较重的时候，正好学校也放假了，会有一些志愿者们把年龄小一些的孩子集中在小学校里，帮着给照看一下。”

妈妈说：“为什么不能办成一个长期照看儿童的机构呢？”

卖菜的阿姨说：“唉，我们家里都有老人，他们都特别想帮着我们带孩子。再说了，我们也不想把自己的小孩子交给外人照看。”

妈妈正说着话的时候，邻居小胖的妈妈也走了过来，手里还拿着毛线，正在织着什么东西。这时车上的这个小孩子突然把豆沙饼扔在一边，哇哇地哭了起来，好像有点儿不耐烦了。卖菜的阿姨急忙地把他抱了起来，但好像哭得更厉害了。

卖菜的阿姨说：“真是没办法，今天好像更不听话了。哦，小宝宝，来，妈妈给你喂奶吧。真对不起你们各位了。”

卖菜的阿姨坐在台阶上，解开衣服就给她的小孩子喂起奶来了。

卖菜的阿姨边喂奶边说：“唉，平时我也就晚上给他吃一回奶。因为我们那的保育员也说过，像他这么大的孩子就不能再喂母乳了。但是没办法，夜里换尿布的时候也会哭个不停。如果那时让他吃两三分钟的母乳，他就会很快又睡着了，所以到现在也没能断掉母乳。如果不喂他一些母乳，还不知道他要折腾多长时间呢，那样就会搅得一家人都睡不好了。”

卖菜的阿姨离开后，小胖的妈妈忍不住跟我的妈妈议论起来。

她说："哪有那么大的孩子还不断奶的呀？"

妈妈说："是呀。但我觉得好像那孩子已经断奶，你看他吃豆沙饼吃得多香啊！但她说的也有道理。晚上给小孩子喂点儿母乳，可以让他们感受到妈妈的爱。当然抱起来摇一摇也能感受到妈妈的爱，或者隔着被子拍一拍也可能会起作用。但是如果能给孩子喂一点儿母乳，这是妈妈对孩子最大的安慰。如果连这个都做不到，那么小孩子可能就离不开奶奶而不理妈妈了。"

脑瘫患儿引发的思考——单靠个人的力量是不行的

向来平静的小区，偶尔也会发生一些轰动性的事情，而把这些轰动性的事情传来传去的就是邻居家那个爱说话的阿姨了。

一大早，这个爱说话的阿姨就跑到我家来，对我妈妈说："了不得了呀！住四号楼的一个妈妈带着她的孩子离家出走了耶，还写了遗书。警察都过来调查了。"

她说完又转向另一位邻居家进行她的信息发布了。等到中午的时候，一些更详细的消息传了出来。那个离家出走的妈妈带着她的孩子，正要投湖自尽时被人发现了。把这个消息告诉我妈妈的是小胖的妈妈。

她对我妈妈说："四号楼的那个妈妈是我高中时的同班同学。太可怜了，真是好人没好报呀！她的孩子竟然是一个脑

瘫儿，这我是怎么也没有想到的。她家那个小孩子大概有3岁了，是一个小姑娘，长得非常可爱，但就是不能动，手脚没有一点儿力气。好像还有点儿发育迟缓，自己不能咀嚼吃饭。据说是因为舌头不能自由运动，只靠喝一些牛奶维持生命。她的丈夫也不怎么样，一点儿也不关心她们。还说什么生下这样的孩子完全是孩子妈妈的原因。他说一回到家就不舒服。最近每天都很晚才回家，并且还经常在外面喝得酩酊大醉。我想她的丈夫是忍受不了这种生活了吧。唉，也真是的，如果生下一个身体有残疾的孩子，大概人的性格也会发生改变吧。我的这个同学以前是非常开朗、活泼的，但是现在也整天变得忧郁起来。好像要故意躲着我们似的，人多的地方她是绝对不去的。还特别不愿意和别人一起讨论孩子的事情。”

妈妈听了，一句话也没有说，她只是紧紧地抱着我。小胖的妈妈大概看到了我妈妈的表情，可能心情也受到了影响，就不再继续和我妈妈说话了。

但是，我妈妈还是受到了很大的刺激。晚上等爸爸回到了家里。在吃晚饭的时候，妈妈就对爸爸说：“哎，小区有个妈妈离家出走了，你知道吗？”

爸爸说：“晚报上已经登了，据说差点儿就没命了。大概是因为有个脑瘫的孩子，觉得实在过不下去的缘故吧。”

妈妈说：“要是你，你会怎么办呢？如果我们家的孩子也有脑瘫的话。”

爸爸说：“别说那么不吉利的话，我是不会回答这种假设性的问题的。”

妈妈说：“你这个人就是这样，只要现在过得好就不会去考虑不好的事情。有个脑瘫的孩子也不是谁不想要就不会有的。就像台风一样，如果某地遭受了台风的灾害，但是我们不能只认为是运气不好就不去管它了。所以台风引发了灾害之后，会有军队来帮助他们，国家还会拨一些救济款给他们。但是为什么对于小儿麻痹的脑瘫患儿国家就不给一些补助呢？我觉得这有点儿不像现代文明社会啊。如果遇到了个人能力无法承受的灾难，国家就应该给予适当地帮助。如果对于那些脑瘫患儿，国家能出一些钱照顾他们，并给予一定的职业教育，那就好了。”

生日快乐——平凡人的幸福

今天是我1岁生日，我想爸爸肯定会给我好好庆祝吧。不像上个月我11个月大的时候，妈妈只给我买了一块小小的蛋糕。这次应该举行一个小型的家庭聚会吧。

果然，下午爸爸早早地赶了回来，手里拿着一个大大的生日蛋糕。妈妈也做了一桌丰盛的晚餐，等着爸爸回来。爸爸摆好生日蛋糕，并在上面点了一根小蜡烛，我们一家三口举行的生日聚会就这样开始了。

“这一年真是不容易啊！”爸爸充满感慨地说道。

妈妈也盯着燃烧的小蜡烛，一脸严肃地点了点头。

我想爸爸和妈妈大概对刚刚过去的一年有了很多共同的感受吧。一切仿佛都安静了下来，一点儿声音也没有。只有我忍受不住美食的诱惑，突然间把手伸向蛋糕上的奶油。于是才打破了刚才的宁静。我们的家庭生日聚会才正式开始。

妈妈给爸爸不停地倒了一杯又一杯啤酒。爸爸的话渐渐多了起来。妈妈也忍不住喝了一杯啤酒。

爸爸说：“这样的日子还是很舒服的呀。小市民自有小市民的福气呀。像我这样，如果再能按部就班地提提工资，其他的我就什么也不想了。”

妈妈抬头看了爸爸一眼。

爸爸赶紧改口道：“哦，还有其他的，当然就是祝福我们全家身体健康。”

妈妈说：“只有这些吗？”

爸爸说：“就这些。”

但是，妈妈还是认为爸爸追求太低，爸爸也应该多关心关心国家的发展、社区的建设等等。但这些话题对我来说就非常晦涩难懂了。

医生的话——不要做孩奴

今天我就不是小孩子的代言人了，作为小儿科医生，我要给大家一些忠告。

本书中所描述的家庭是来自于真实的生活，我选择了我几个朋友的家庭为原型，并做综合和艺术加工。

本着扬善除恶的目的，爸爸的形象有些不光彩。希望能得到我的那几个朋友原谅。读者中做爸爸的人也不要后悔买了这本书，虽然有可能会让孩子妈妈变得向书中的妈妈一样颐指气使，但终归是源于作者的一片良苦用心。

在我看来，现在社会上有很多做爸爸的人并不合格，他们的兴趣在于看报纸、听相声、喝啤酒，像书中的爸爸一样，对家庭生活一问三不

知，养育孩子也不能做到以身作则。在孩子的成长过程中，眼睛里充斥的只是在醉酒后买几块巧克力满足孩子的爸爸的形象。希望他们在读了这本书后能够冷静地想想，不要再执迷不悟了。

妈妈们总是做得最好了，现实中的妈妈可能要文雅一些，但我也希望能像书中的妈妈一样再努力一些。平时要多收看育儿节目，不断充实育儿知识，不要担心在这方面会超过爸爸。如果你是一个理性的人，知识会让你和爸爸的育儿交流平静、顺畅。而且不会给爸爸形成高高在上的压力。相反，如果知识不足，仅靠母性和爸爸交流的话，你可能会变成一个只会护犊子的母老虎。

最后还是要回到如何养育宝宝这个问题上，现在的孩子都是幸福的孩子。社会发展，生活便利，妈妈有更多的时间围着宝宝转，有成为“孩奴”的危险：完全按照育儿书上的标准养育孩子，不惜血本的让孩子吃好、穿好。

我要提醒年轻的妈妈们注意，不要让自己成为“孩奴”，对小孩子要学会“放羊（养）”。

“放养”是年轻父母不容易做到的事情，也不是几句话就可以解释清楚的，这是一种生活态度和人生感悟。对孩子过分关心与重视，最终可能会以失败告终。孩子的成长是和周围的大环境密切相关的，父母只不过是这个大环境里的一部分而已。为孩子提供一个宽松的成长环境，父母和孩子相互独立又相互联通，一切都自自然然地就是最好不过了。如果对孩子关注过多，孩子就会缺少宽松的环境，反而会影响孩子的健康成长。

第三章

一岁——一岁半

学步车——真是左右为难

我前一阵子先是得了急性发热，接着又患了一场胃肠型感冒。这两场疾病把我的体力几乎都消耗光了。在我没有得病之前，我还能独自走上一到两步。但是，现在是怎么也没法迈出那只沉重的脚了。

爸爸最想做的事就是让我穿上鞋，陪他一起出去散步。但现在也已经变得不现实了。爸爸好像注意到了我的这种变化。在今天早上吃饭的时候，他就跟妈妈提起这件事情。

“最近宝宝一步也不能走了，唉，我们怎样才能让他尽快学会走路呢？”

妈妈说：“让他尽快学走路？我看还是顺其自然的好吧。”

爸爸说：“要不我们给他做一点儿走路的训练吧？据说有一种学步车，

我们买回来用一用吧。”

妈妈说：“是吗？但是那学步车会不会很贵啊？”

妈妈自从生下我之后考虑问题总是先从经济方面入手，这和爸爸的理想主义完全不搭界。

爸爸说：“可能很贵吧。要不我去问问我们公司的同事，看看谁家有没有不用的。嗯，我今天就去问问他们。”

妈妈想着爸爸去公司后会得到很多的信息，而他却有可能会一点儿主意也拿不出来。于是妈妈在送走爸爸后，就去了小胖家里，向小胖的妈妈咨询关于小孩子使用学步车的问题。

小胖的妈妈告诉我妈妈说：“你是说给小孩子使用学步车？我是觉得不怎么好。如果你家里有个60平米的客厅的话，那你买了也就算了。在我们这种人口密集的小区里，是没有地方用什么学步车的。楼下的路又窄又滑，还经常有汽车开来开去的，如果碰到了学步车就危险了。再说了，能不能学会走路和用学步车其实没什么关系。学步车也就是卖给那些没有养过小孩子的人。其实他们也不用，他们就是为了作为一种礼品送给刚刚生下孩子的朋友们。你到旧货商店一看就知道了，里面摆着最多的就是学步车。你家要是真需要学步车的话，就干脆去二手商店买一个好了。”

妈妈得到了这么多有用的信息之后就高高兴兴地回家了。如果爸爸今天真买了个学步车回家的话，妈妈就会用她听到的知识去跟他提反对意见的。

晚上爸爸回到家，一家人吃晚饭的时候，果然，爸爸妈妈又谈起了学步车的事情。

爸爸说："再说说早上说的那个学步车的事吧，我们就不要去买新的了。我问了一下公司里的小何，他说过两天送给我们一个。小何家的那个学步车据说就是我们主任家儿子用完后送给他的。你看看，我们公司里的这一辆学步车就要传到好几家去使用了。"

妈妈说："是吗？你已经决定要小何家的那个学步车了？"

爸爸说："不，我还没有决定，只不过是小何说可以送给我。但是也不能亏待了小何啊。我还听说，小何家的那个学步车已经很旧了，说不定会摔着小孩子。"

妈妈就等着爸爸说决定要买一个学步车。因为如果那样，妈妈就可以用她从小胖妈妈那里得到的知识去反驳他。但是爸爸也没有直接同意去买学步车，所以妈妈一时也就少了发表她意见的可能。但是，她马上又想起了早上爸爸说过的一句话。

妈妈对爸爸说："哎，你早上不是说还要去买一个学步车吗？你是不是又背着我存了什么私房钱啊？"

动物园——可怜的动物

今天是星期天，爸爸妈妈决定带我去动物园。他们收拾好行装，也帮我打扮了一下，还有模有样地帮我穿上了一双鞋子。但是我自己现在也就是能走个一步两步的，这双鞋子对我实在没有什么用处。

我们先从小区坐公共汽车，然后换乘地铁，到地铁终点站后，再换乘去动物园的公共汽车。这一路上真是挤啊，人都要被挤成相片了。就像我们的小区发生了地震，大家都在一起出逃一样。而且好像大家都约定好了似的，大家都逃向了同一个地方——动物园。所以一路上不时会遇到我们小区的邻居。小胖一家三口、上次走丢了的老李一家也都要去动物园玩。

到了动物园，爸爸抱着我，东瞅瞅西看看，一种一种动物给我作介绍。

“那是狮子，它来自非洲的大沙漠，你看他强壮有力的四肢。那是白熊，它可以在北冰洋破碎的冰块上行走，而且还可以在冰冷的海水里游泳呢。”

爸爸一边向我介绍着野兽的习性，一边指给我看这看那。但是爸爸说着说着，好像慢慢失去了热情。因为他看到那些曾经在大自然里表现得威武凶猛的野兽们已经变了模样。它们整日被关在笼子里伸着懒腰，在很小的范围内走来走去。每天只能做着这些简单重复的动作。而且吃的也是人们提供的已经分割好的食品。即使是产下了后代，生活也一样没有变化。爸爸妈妈突然变得感伤起来。

这时，妈妈像发现了新大陆似的对爸爸说："前面是猴山，我们去那吧，一定很好玩。"

爸爸马上就表示同意了。他也知道，妈妈已经被这些大型动物所发出的气味熏得受不了了。

在猴山的旁边摆着几排凳子。我们就坐在那边休息边看小猴子蹦来蹦去。妈妈拿出了自己做的三明治，送到我的嘴边，我便大口地吃了起来。

这时，爸爸看见了，他说："宝宝吃得太多了，分给爸爸一半吧。"

说着，他就把我的三明治掰走了一半。我看到好吃的东西被爸爸拿走了，就哇哇地大哭起来。就在这时，我听见旁边的几个女孩子发出了一阵哄笑声。我看见妈妈羞愧得脸有些发红。她抱起我，拽着爸爸就准备快步离开。

爸爸说："有什么不对的吗？如果让宝宝吃多的话，胃肠会受不了的。"

妈妈说："不是的，你刚才拿宝宝的三明治时，正好我们前面的猴子妈妈也在抢夺它儿子的水果呢，你们跟那猴子母子似的，也在动手动脚。"

爸爸这才知道刚才的哄笑声是在笑我们，就赶紧跟着妈妈快步离开了。

又往前走了一小会儿，就到了我最喜欢的儿童乐园了，其中的小火车是我的最爱。小火车的每一节车厢里都坐着一对父子或父女。他们的妈妈都站在小火车旁边，每当小火车转了一圈开过来，他们就互相招手。我们也很快排队坐上了小火车。妈妈也同样站在我们小火车经过的地方和我们招手。

后来我又和妈妈坐了空中飞车，我们一家三口还去湖里划了一会儿船。

今天的经历真是太丰富了。到了下午，我是彻底玩累了，在妈妈怀里就睡着了，连什么时候回的家我都不记得了。

无精打采——可能得了痢疾

在动物园玩了一天，我是真的累了，以至于回家后整整睡了一个晚上。第二天早上我仍然觉得很疲乏。要在平时，我会比爸爸妈妈醒得早一些，然后用小手摇动我小床的栏杆去唤醒我的爸爸妈妈。但今天我是一点儿力气也没有，也就没有爬起来摇栏杆了。

爸爸走过来把我抱了起来，对妈妈说："小宝今天有点儿太安静了吧？"

爸爸在妈妈给他准备早饭的时候想帮我把衣服穿上。要是在平时，因为我太活跃了，爸爸总是很难帮我把衣服穿好，最后还得需要妈妈来帮忙。但是今天我变得非常安静。而且在爸爸给我穿衣服的时候，我还哈欠连天的，一点儿精神也没有。

我终于穿好了衣服，和爸爸

妈妈一起坐在餐桌旁。妈妈给我准备了好喝的牛奶，但我觉得一点儿味道也没有。我实在不想喝，但是妈妈依然勉强喂了我一小碗。妈妈看我实在不想喝，也就没让我把剩下的牛奶全喝了。喝了少量的牛奶后，我又闭着眼睛睡着了。

等我再次睁开眼睛的时候，爸爸已经离开家去上班了。我想叫妈妈过来，于是试图抓着床栏杆想站起来。可任我怎么努力，脚上却一点儿劲也没有。妈妈大概是听到了我乱扑腾的声音，她走了过来。

她刚刚把我抱起来，我就觉得口中一热，把早上给我喝的那点儿牛奶全吐了出来。

妈妈终于发现了我的不正常。她用额头贴着我的额头，没感觉到我发热。可她还是不放心，于是又拿来体温计给我测体温。

我则表现得一点儿精神也没有，依然哈欠连天、昏昏欲睡。不一会儿又迷糊过去了。

又不知过了多长时间，有几个大人说话的声音把我吵醒了。我看见我的床边站着妈妈和邻居李阿姨。

李阿姨说："确实不烧，好像还有点儿偏低，只有36.2度。"

妈妈接着说："但我看他的样子不怎么正常啊。"

邻居李阿姨大概又想起了什么不好的事情。

她又接着说："我也很担心啊，但不知道怎么才好。"

妈妈变得一点儿主意也没有了。

我把脸转向妈妈，嘴里发出了“哦哦”的声音，那是我向妈妈要水喝的意思。妈妈是明白我的意思的。她马上给我端来了一杯水。我大口大口地喝了起来。

但是在妈妈把我喝空的茶杯拿走的瞬间，我又觉得嗓子干干的，而且肚子里一阵翻腾。刚才喝的水又被吐了出去。接着我又什么也不知道了。

我隐约听到隔壁的李阿姨跟妈妈说：“可能是得了痢疾吧。”

妈妈的脸一定变得煞白。

李阿姨接着说：“你们昨天出去玩是不是给宝宝吃了什么不干净的东西？”

妈妈说：“没有啊，外边的东西我们一点儿没吃，只吃了一些我们在家里自制的食品。”

李阿姨说：“我去给诊所打个电话，问问医生吧。”

说完，她就出门走了。

应激反应——小孩子的神经官能症

不一会儿，诊所就派医生到我家来出诊了。这大概是因为隔壁的那个阿姨影响力太大的缘故。小区里的诊所也对她心有余悸。要不然，有什么不好的评价，从她的嘴里传出去的话，那一定会影响诊所的门诊量的。

这次到我家来的是一个年轻的医生。我以前好像没怎么见过。看上去好像是在大学从事医学研究的医学生。他们常常会到我们小区的诊所来打一些零工补贴家用。虽然很年轻，但也给人很直率的感觉。不像小区里的那些医生一样，只知道输液赚钱。这一点是最让我安心的。

那位年轻的医生问我妈妈说："小孩子怎么了？"

妈妈非常不安地说道："什么也吃不下去，刚吃一点儿就吐了出来。"

医生又问："有没有拉肚子呀？"

妈妈说："从昨天到现在还没有排过便。大夫，不会是得痢疾了吧？"

医生说："是啊，还不能完全排除，现在正是秋凉的季节。而且得了痢疾一般开始时体温并不升高，也有一些人可以没有拉肚子的现象。但你家这个小孩子的体温好像还是有点儿偏高。要不还是给他灌肠看看有没有痢疾杆菌吧。”

这一时让我们觉得有些紧张。但是，这个年轻的医生能够很负责任地检查我的肠道有没有痢疾杆菌，让我们稍微安心下来。

医生检查完后，对我妈妈说：“你们昨天有没有出去玩啊？是不是让他吃了什么不好的东西啊？”

妈妈说：“是的，我们昨天去动物园玩了。但没有在外面买东西吃，全部都是我们在家做好的三明治、煮鸡蛋什么的。我和他爸爸也吃了，并没有什么不舒服的地方。而且，我儿子昨天也非常有精神。但今天不知怎么就变成这样。”

那个年轻的医生边听边点头，而我又觉得浑身发懒，忍不住又打了个长长的哈欠。

医生想了想说：“可能是小孩子的一种应激后表现吧。这样的情况虽然很少，但也可见于两岁左右的小孩子。”

妈妈说：“什么是应激后反应啊？”

医生说：“你也不用那么紧张。那是一个医学术语。其实也就是小孩子的一种神经官能症。无论给他吃什么、喝什么，全都很快吐出来，而且昏昏欲睡的。一般多见于容易兴奋的小孩子。这些小孩子一般都是独生子，在家里大人照顾得过于周到。当他周围环境发生变化时，他就容易变得特别兴奋。但兴奋过后就会发生现在这种症状。最多见的就是星期天去动物园游玩，回来后的第二天容易发作。另外，如果家里来了好多亲戚之类的，逗得小孩子兴奋过度之后，也容易出现这样的情况。”

年轻的医生用不太标准的普通话详细地把我发病的原因给分析了一下。

妈妈问：“大夫，像他这种情况，会不会有生命危险啊？”

大夫说：“根本就没有什么生命危险。我从3岁开始，每隔几个月就会出现这种症状。直到上了小学才慢慢变好的。”

葡萄糖疗法——不用打点滴了

应激后反应虽然让人听起来不那么容易理解，但当知道没有生命危险后，妈妈就变得放心了。再加上年轻的医生说他小时候也出现过类似的症状，这更增加了妈妈对医生的信任。

我的身体又软又没力气，但是肚子却咕噜咕噜乱叫。我感觉有些饿了，于是发出“啊啊”的声音，要向妈妈要些吃的。

妈妈听到后对我说：“肯定又是肚子饿了。医生，是不是现在什么也不能给他吃呀？”

医生说：“你这个病是从早晨开始的吧？然后就一直在吐？”

妈妈说：“是的。是从早晨开始的。”

医生说：“可能还会再吐的。这种病一般会吐个一天半天的。所以我们一般是不给喂什么吃的，而是通过静脉补充一些水分。但从我个人来说，对于这么小的孩子，能不打点滴就不打点滴吧，可以再观察一下。”

妈妈一听要观察，再看看我无精打采的样子，又变得有些担心了。

她说：“但是你要是不给他打点滴的话，会不会身体更虚弱呀？”

医生说：“是啊，打针虽然可以补充点儿能量，但我认为现在还没有必要，所以说我不建议打点滴。你让他安静一会儿，尽量让他自己恢复体力，症状自然也就会好转了。我记得我小时候就打过点滴，两天的时间只喂了我一些汤汤水水。就这样，因为我会反复发作，所以每次注射都会让我哭个不停。有一次被我叔叔看见了，他建议不要再给我打点滴了。只是让我在家安静地休息。从那次起，我的症状很快就变好了。要是打点滴的话，几乎有四五天的时间我都只能吃很少的东西。而如果不打点滴，一般在第二天我就可以正常进食。我记得那时为了让我能在家安静地休息，叔叔会给我嘴里含一点儿葡萄糖，就我们家里常用的那种饴糖就可以。饴糖不但能提供营养，而且因为它会在嘴里慢慢地化开，不会给胃造成太大的负担。我就会一直在那里躺着休息。只是给一些饴糖之类的东西。这是我个人的经验。这样的症状其实没有什么可担心的。要不你们也准备点儿饴糖试试？”

妈妈马上从橱柜里取出饴糖，塞到了我的嘴里。我津津有味地含在嘴里，就连我平时很讨厌的饴糖外的那层糖化包装纸我也不在意了，就那样整块地放在嘴里，感觉特别的甜。

“看，吃得多香啊！”年轻的医生边说边拍了我一下。

他接着说：“现在虽然给了他些吃的，有可能在中午前后还会再吐一次，你们也不要太担心。可以继续给一些开水或果汁之类的，就让他安安静静地休息一下。到了晚上他就会要东西吃了。

以后发生的事情果然都被这个年轻的医生说中了。

疾病痊愈——自我康复的能力

也可能是因为医生给了我一块好吃的饴糖的原因，我的午觉睡得非常踏实。

当我醒来的时候，我还是没有完全恢复体力，依然不停地打哈欠。妈妈遵照年轻医生的意见，给我喝了一杯温开水。但那却没让我感觉到补充了什么能量，依然“啊啊”的向妈妈提着要求。

妈妈看我喝水后没有再呕吐，也就稍微放心了。看我又要喝水，就忍不住又给了一杯。我觉得这杯温开水真是太好喝了。

我又向妈妈发出不满足的信号。妈妈又给了我一杯。

但是这第三杯刚下肚，我又“哇哇”地吐了起来。不仅把刚喝的水全吐了出来，而且还把早前吃的一些东西也吐了出来。妈妈看了之后，又是一脸担心。

她赶紧把我抱了起来。我趴在妈妈柔软的肩头，又慢慢地睡着了。

等我再次睁开眼睛的时候，天已经快黑了。这一觉睡得真长啊。我感觉我的体力已经完全恢复了，也不再打哈欠了。

妈妈大概是感觉到我快要醒了，她走到了我的小床边。而我的肚子这时已经变得瘪瘪的了。所以一看到妈妈过来，我又"啊啊"地伸手让她抱我。妈妈的担心依然没有完全消失，她不知道该不该给我吃东西。

而我感觉到我的情绪已经非常好了，于是我抓着床栏杆站了起来。妈妈看我恢复得这么好，和上午完全是两个样子，也就放下心来，又给了我一块饴糖。

但这样的东西已经不能填饱我的肚子了。我"啊啊"地说着，用手指着厨房的方向。妈妈知道我是想吃一点儿能填饱肚子的东西。就在这时，爸爸下班回家了。

他快步走到我的床前说："你这个家伙太让爸爸担心了，但现在看着还挺精神的呀。"

妈妈说："你可回来了。现在是变得很精神。但上午我给你打电话的时候，宝宝只是躺在那里。我一个人在家里真是六神无主啊。"

爸爸说："哎呀，真是让你受累了。你看，我给你带了点儿你爱吃的东西。"

说着，爸爸把手里的口袋解开，拿出了妈妈爱吃的油炸糕。油炸糕也是我非常喜欢吃的东西。我看到后，马上把手伸向爸爸，“啊啊”地说个不停。

爸爸说：“好，也给宝宝来一块。”

妈妈说：“可不能吃。那样会不容易消化的。”

妈妈正说着，门铃响了。妈妈打开门一看，是早上来出诊的年轻医生。

他说：“我下班回家，正好路过这里，进来看看你家宝宝恢复得怎么样了。”

爸爸从妈妈上午打的电话里，已经知道年轻医生用自己的经验给我看病的事，也忍不住对医生说：“真是谢谢你了。虽然年轻，但经验却不少呀。”

年轻医生说：“快别这么说了。我那都是些不成功的经验。我也是因为得病，从我叔叔那学到的。其实这样的病，预防是最重要的。我特别不想让你家的小孩子也像我小时候那样，要去医院打点滴。所以你们平时要注意，不要让小孩子依赖性太强，要不然又会发生这种情况的。”

爸爸妈妈感激不尽地送走了年轻医生，而对于我来说，年轻医生又给我帮了一个忙。那就是爸妈接下来让我吃我最爱吃的油炸糕了。

小便混浊——是得了肾炎吗

今天早晨真冷啊，我比往常要醒得早。但妈妈比我起得更早，她已经开始准备早饭了。

妈妈看到我也醒了，就走过来说："小宝宝是不是有尿啊？今天起得这么早啊？"

其实我也不是因为有尿才憋醒的。但妈妈这么温暖的话语让我觉得确实有小便的意思。妈妈抱着我，帮我在坐便器上把完尿，就又想把我放回小床让我再睡会儿。大概是因为感到房间太冷了吧。于是妈妈就把我放在了大床上的被子下。但我却是一点儿睡意也没有。本来都已经让我起来了，却又要把我放在床上。我"哇"地哭了起来，向妈妈表示抗议。这样就把爸爸惊醒了。

爸爸看我躺在旁边，说："乖宝宝，乖宝宝，到爸爸这里来吧。

妈妈一看我不愿自己躺着，就把我放进了爸爸的被窝里。爸爸把我搂在怀里，给我讲起了故事："很久很久以前，有一个穷人叫阿里巴巴。还有一群强盗，有很多的宝贝，他们把它们放在一个山洞里面……"

妈妈说："你这当爸的，又讲阿里巴巴和四十大盗。我们的孩子还小，肯定听不懂你在讲什么。算了，别讲故事了，都快点儿起来吧。"

爸爸起床后，每天都要活动一下手脚。他对着床旁的沙袋做起了拳击练习。只听着"嘭"的一声，沙袋就碰到了我刚用过的坐便器。还好，只是把上面的盖子碰掉了。

爸爸说："不好，犯规了。"

爸爸给坐便器盖上盖，准备放到其他地方。

"哎，宝宝的小便好像不正常耶，怎么变得这么浑？好像都快要变成白色的了。"

爸爸说话的声音把妈妈招呼了过来。

妈妈说："是啊，像白色的淘米水一样啊。刚才我给他把小便的时候没发现是这个样子啊。"

爸爸说："不会是得了肾炎吧。怪不得我看着我们家宝宝的眼皮好像有点儿要肿一样。"

妈妈说："宝宝的眼皮不肿，他每天都那样。我觉得这和他趴着睡有一定关系。"

爸爸说："虽然是这样，但他的小便也有点儿不正常。要不用瓶子装一点儿拿到诊所去化验一下。"

妈妈于是就准备了一个小的玻璃瓶子，装上我的尿液标本，准备送到诊所去。我也被一大早就带去了我不喜欢的诊所。

但这一次的结果却是无罪释放。诊所的医生看过我的尿液后给妈妈解释：这是一种正常的生理现象。

医生说：“如果家里特别冷的话，小孩子的尿液就会特别浑浊。那是因为小孩子尿液里的尿酸遇冷发生沉淀。刚解出来的小便可能不浑浊，是因为还没有完全冷却。你如果试着把他有沉淀的尿液加热一下，你就会发现这些沉淀会消失的，那是因为其中的尿酸又被溶解了的缘故。”

睡得晚也就起得晚（一）——安眠药

最近我睡得越来晚了，在这之前不到8点我就去睡觉了，但是现在到了10点还不怎么困。因为晚上睡得晚，早上自然也就醒得晚。等我睁开眼睛的时候，爸爸已经吃完早饭去上班了。妈妈也想让我早点儿睡，以便能早起一会儿。所以晚上一过8点，我就能感觉到妈妈很着急地让我做睡觉前的准备。而这个时候，爸爸正在陪我做各种各样的游戏，妈妈总是会很坚定地把我从爸爸身旁抱起来，说："到睡觉的时间了，我们去喝奶吧。"

因为我还想和爸爸再玩一会儿，所以就挣扎着不愿意走。但妈妈还是毅然把我抱走，放在我的小床上。我的小床铺着柔软而暖和的被子，让我觉得很舒服。而且还能让我喝上一瓶我

爱喝的牛奶，所以我就很高兴地在里面待了一会儿。

但过不了多长时间，我就不愿意在里面待了。因为当我喝完一瓶牛奶后，又觉得很有精力，还想和爸爸做游戏。虽然妈妈在旁边给我唱着好听的催眠曲，但我依然一点儿睡意都没有。我听着妈妈唱着“好孩子，快睡觉”，却不能理解其中的意思，我反倒认为妈妈想让我快点儿睡，然后她和爸爸一起做游戏，所以我不但一点儿都不想睡，而且还会站起来反抗。这时妈妈会采取进一步举动。她把灯光调得暗暗的，还把我抱起来摇摇晃晃的。

我实在是不想睡，她这样哄我对我来说简直是一种痛苦，最后忍不住“哇哇”哭了起来。就这样妈妈想让我睡觉，而我却不想睡，你来我往地会折腾一个小时。最后我也哭累了，不知不觉就睡着了。

爸爸是一个喜欢读侦探小说的人，前一段还在看福尔摩斯侦探集之类的东西。但由于我的哭声分散了他的精力，他不得不换一些轻松诙谐的读物，这样才能不受我的影响。

昨天晚上爸爸大概实在是对我的哭声忍不下去了，他对妈妈说：“我们的孩子为什么这么大的精神啊？这么晚了还不睡，是不是得了失眠症啊？”

妈妈也没有说什么，第二天就趁我在家睡午觉的时候去向医生寻求帮助了。所以今天晚上我觉得有点儿不正常，因为我看到妈妈在给我调牛奶时往里面放了我不知道的什么东西。妈妈像往常一样把我放在小床里，给我喝了那个她新配的牛奶。我觉着那个牛奶味道稍微有些奇怪，但也没有拒绝。喝完后，妈妈又唱起了那熟悉的催眠曲。但这次的结果和往常不一样了。我本来还想站起来和妈妈对抗一小时，但我的身体却一点儿也不想动，好像一张大大的网把我困住了一样。我很快就进入了梦乡。我隐隐约约地听到了爸爸和妈妈的说话声。

“看来还是安眠药有效。”

“小声点儿。”

睡得晚也就起得晚（二）——爸妈多思考

昨天晚上确实睡得比较早，但对于我这样精力旺盛的小孩来说，只要是睡够了就不会再接着睡了。如果是晚上10点睡，那么早晨8点起。如果是晚上8点睡，那么早晨6点起就是很自然的了。所以今天早晨6点我就很自然地醒了过来。而且我醒了之后就一点儿也不想再睡了。于是我抓着栏杆站了起来。用手不停地拍打着想叫妈妈过来抱我下去，妈妈平时是7点起床的，但听到我起来了，也把她惊醒了。

她走过来说："宝贝，你今天怎么起得这么早啊？"

妈妈说这话真是太缺乏思考了。正是因为妈妈让我早点儿睡的缘故，我才起得这么早啊。妈妈看了一下时间。大概她觉得还早，于是就抱着我一起回到了妈妈的床上。

她边拍我边说："我们再一起稍微睡一会儿吧。"

妈妈说着就闭上了眼睛假装睡着了。我是一点儿也睡不着了。妈妈要是想睡的话就自己睡好了，我是要起床的。于是我向床边爬了过去。妈妈感觉我爬走了，就一伸手把我拽了回来。她又要勉强我和她一起睡，这和以前的晚上没什么不同啊。一个想睡，一个不想睡，惟一不同的是那是发生在晚上，而这是发生在早上而已。我的挣扎终于把爸爸也吵醒了。

他说："你们俩在闹腾什么啊？让我也睡得不安稳。"

我看到爸爸醒了就想要和他一起做游戏。但是早上被惊醒的爸爸和晚上的爸爸很不一样。虽然我做出喜欢爸爸和我一起玩的样子，但是爸爸依然是面无表情地转过身去继续睡他的懒觉。妈妈是不能再睡了。她帮我穿好衣服。让我一个人在地板上玩我的小汽车。

今天的早餐也比往常早了一些。爸爸和妈妈的讨论话题又集中在我早上的异常行为上了。

爸爸说："看来安眠药也只能让这个小家伙早睡一会儿啊。"

妈妈说："是啊。大夫给我拿这个药的时候就是这么说的。他说不能用那些延长睡眠的镇静药物，那样会成瘾的。"

爸爸说："那可怎么办啊？我们这孩子要么是早晨吵我们，要么是晚上吵我们，这可怎么选择好啊？"

妈妈说："话虽这样说，但是我刚才仔细考虑了一下，我们的宝宝睡10个小时也就足够了。你要是让他早睡的话，他肯定会早起的。所以我们让他8点就上床睡觉的习惯要改一改了。你看有时候和你玩的时间长一些，只要一过晚上9点，他就没什么精神了，有时候都不用我哄，他自己就会爬到小床上去睡了。前天和隔壁的小雨一块玩到很晚，也是自己睡的啊。每天只要过了九点半，他在哪都能睡得着。所以我们就让宝宝自然入睡，不要强迫他了吧。”

妈妈的想法真是太正确了。虽然那些《父母必读》之类的育儿书上写着要8点入睡，但我们却不是每一个小孩子都能那样的啊。

趴着睡（一）——是扁桃体肥大吗？

“宝宝，让我们面朝上再睡一会儿。”

今天中午，在我睡午觉的时候，妈妈边说着边把我从趴着睡翻成了面朝上睡。我可能还没有睡够，就面朝上的又睡着了。

又不知过了多长时间，我听见爸爸回来了。

他走到我的床前说：“咦，我们的宝宝为什么又趴过来睡觉啊？”

妈妈说：“是啊，我也觉得奇怪。我还刚给他正过来，但是你看不一会儿他又自己翻过身趴着睡了。”

爸爸说：“为什么趴着睡啊？是不是有什么病啊？”

妈妈说：“不会

吧？最近我看我们宝宝的身体很棒啊。”

爸妈的说话声让我一点儿也不想睡了，然后抓住床栏杆站了起来。我是向他们表示我没有病，我很健康。我的手到处抓来抓去，甚至把小枕头都抓起来扔到了外边。

爸爸看见了说：“小捣蛋鬼。”他边说边做了一个鬼脸。

我却不认为这是爸爸在让我停止我的动作。我很喜欢爸爸做这样的鬼脸。我觉得这是爸爸在对我表示关心。所以我又抓起了我的毛巾被想扔到外边去，但是因为太沉了，没有扔出去。

爸爸看到说：“这小子，一点儿也不怕我。这是遗传了谁的性格啊？”

妈妈说：“你也不是什么听话的孩子啊。”

爸妈的说话好像要升级为一场争吵。就在这时，隔壁的李阿姨到我家来串门了。她一进门就把前几天借我妈妈的家庭食谱还给了我妈妈。

妈妈像是遇到了救兵，对李阿姨说：“我们的孩子不知道怎么回事，就喜欢趴着睡。这不，我和我先生正在讨论是不是这小孩子有什么不正常的地方呢。”

李阿姨听了妈妈的话，马上就给出了答案：“这一定是因为得了扁桃体肥大的疾病。做一个小手术，把它切了就好了，千万不能耽搁了啊。”

隔壁的这个李阿姨真是一个不让我喜欢的人。她总是把世界看成存在很多问题的地方，大概是因为她唯恐天下不乱吧。生活一定要发生什么不正常的事对她来说才有意义。

我之所以喜欢趴着睡是因为我觉得这样很舒服。这样会给我一种很安稳的感觉。而且我趴在软软的褥子上也感觉到心情非常的舒畅。我都这么大了，可以自由地翻转身体。如果我觉得趴着睡很不舒服的话，我自己会翻过身来的。是因为我觉得趴着睡舒服，所以我才那么做的。

李阿姨回家之后，爸爸和妈妈就又开始担心起我为什么会得扁桃体肥大这样的疾病了。

趴着睡（二）——不是什么疾病

小区的诊所没有耳鼻喉科，爸爸和妈妈想起了上次带我去看肠套叠的那个外科门诊。于是妈妈就带我去了那家诊所。

我和妈妈都特别喜欢那家诊所的医生爷爷。由于那里没有儿科，所以我们以前也很少去那里看病。诊所的老爷爷依然还记着我和妈妈上次来看病的情形。他热情地和妈妈打起招呼。

妈妈则是很着急地说道："又要麻烦您了。最近我们家的小宝贝总是喜欢趴着睡，会不会是因为扁桃体肥大的缘故啊？"

看到妈妈着急的样子，老爷爷一脸慈祥地笑着说："这么小的孩子不应该有扁桃体肥大的啊，你的担心是多余的。没有必要这样想啊。"

妈妈又问："那他为什么要趴着睡啊？"

老爷爷接着说："这个问题我可以告诉你。小孩子趴着睡是因为他觉得那样很舒服。"

听了这话，让我觉得医生老爷爷真的很了不起，他一看就知道我们小孩子是怎么回事。

妈妈说："那你说就是没有病了？"

医生老爷爷说："当然没有病了。像我到现在已经有7个外孙和孙子了。他们当中只有一个是喜欢躺着睡觉的，其余的都喜欢趴着睡。但他们的身体都很健康。如果小孩子能够自由地翻身的话，多数的小孩子都会因为趴着睡很舒服而选择趴着睡的，所以说躺着睡也不代表身体很健康啊。一般来说，小孩子在10岁之前趴着睡的会多一些，这并不是什么不得了的事情。前两天也有人来问我这样的问题，让我感觉现在的年轻父母好像有点儿神经质了，一点儿小问题就觉得很不得了的样子。昨天我的三儿媳妇也来问我，说他们家的小宝贝喜欢啃手指，会不会有什么病啊。我告诉她说，那是因为你的小孩子精力太旺盛了，不知道干什么好。我不记得是哪本书写的了，几岁的小孩子喜欢啃手指是再正常不过的。只要你把孩子的手洗得干干净净的，再怎么啃都不会有问题的。所以啃手指并不是说手指有什么问题。人作为灵长类的动物是喜欢啃一些东西的。你看作为大人，不也喜欢嚼口香糖、叼个烟斗什么的。那是因为欲望得不到满足的原因。你再去幼儿园看看，会有不少的小孩子都在啃手指。但是大人就不会啃手指。小孩子在有游戏可做的时候也不会啃手指的。不信你就去看看那些玩老鹰捉小鸡的小朋友，肯定没有人会在那啃手指。"

妈妈听了这话也觉得很放心了。她对医生爷爷说："那您说我们的孩子就没有什么事了？"

医生爷爷说：“是啊，没有什么事。我看你这孩子长得非常结实，根本就不需要到诊所里来看病。”

妈妈说：“那是不是他扁桃体肥大的话，我们还是给他切了为好啊？”

老爷爷说：“你这都是些什么想法啊？扁桃腺也是一个很重要的器官啊，能那样随便说切就切吗？扁桃腺就像人的眼睛一样，你不能说眼睛大一些就把眼切得小一些吧。”

不愿意一个人睡——所有的孩子都这样

这样的事情从前天晚上就开始，我梦见小区诊所的医生追着我要给我打针，这太让我害怕了。于是我从噩梦中醒过来，大声地叫了起来。紧接着我就听见爸爸和妈妈压着声音在说话。

“你看又开始晚上哭闹了吧？要不我们先不管他？”

这是爸爸的声音。

妈妈说：“可能是有尿的原因吧，别再尿床了。”

于是妈妈打开灯，走到我的床前来看我。因为已经是冬天了，房间里很冷。妈妈披着件毛巾被，站在我的床前，看见我只是小声地在哭，并不是什么大不了的事情。于是她隔着被子轻轻地拍着我，想让我接着睡。但是刚才的噩梦太让我恐慌了，于是我伸出手抓住妈妈的衣服，大声地哭了起来。

妈妈就不再拍我了，她伸手把我抱了起来。她知道屋里太冷了，于是她抱着我一块躺到了大床上的被窝里。我感觉这里又温暖又舒服，于是闭上眼睛慢慢又进入了梦乡。

妈妈看我稍微睡得安稳了一些，又要把我抱起来放在我的小床上。我感觉到有人把我抱到我自己的小床上的时候，我又想起了刚才那个可怕的噩梦，我又哭了起来。

妈妈也真是的，为什么要反反复复地让我在大床和小床之间来回地折腾呢。妈妈是很坚持原则的。她把我放在小床上我就又大声地哭了起来。

这时爸爸忍不住了，他说："这孩子太吵了，我明天还要上班呢。要不然你让他和我们一块睡吧。"

听到爸爸这么说，而且妈妈也感觉到房间里太冷了，于是妈妈也不再坚持她自己的想法，抱着我一起在大床上进入了梦乡。这正是我所希望的啊。

昨天晚上又是在半夜我又做了那个相同的噩梦。于是和前天一样，妈妈虽然想坚持让我在自己的小床上睡。但是因为天气太冷了，她只好抱着我一块在大床上休息。

到了今天早上吃早饭的时间，我听见爸爸和妈妈在讨论我昨天和前天晚上哭闹的事情。

妈妈说："我们好不容易给这个宝宝培养了一个自己睡觉的良好习惯，现在却坚持不下去了，真是有点儿前功尽弃啊。"

爸爸说："养孩子就是这个样子啊，可怜天下父母心啊。我们也不能一直让他在那里哭下去吧。"

妈妈说："是啊，昨天晚上我就稍微迟了一会儿去看他，宝宝就在自己的床上站了起来。如果我们不管他的话，一定会冻感冒的。"

爸爸说："前一段他不是在自己的小床睡得挺好嘛，

为什么现在突然变化了呢？要不你到其他家去问问，看看别的小孩子是什么样子。”

妈妈说：“我也翻了翻几本育儿杂志，书上也说绝对不能和小孩子一起睡，那样会影响小孩子的独立成长。”

爸爸和妈妈的讨论并没有得到什么明确的结论。妈妈决定吃完早饭后去其他家问一问别的孩子是什么样子。

到了晚上爸爸和妈妈见面的时候，就又开始讨论起我的问题来了。

妈妈说：“我去问了好几家的小孩子，还真是和我们的宝宝有点儿相像啊。基本上都是快到一周岁的时候就不愿意在自己的小床上睡了。大家都觉着周岁左右的小孩子是很难让他一个人在床上睡的。”

妈妈接着说：“我还问了那个在国外生活过一段时间的张大姐，她说国外的小孩子都是一个人在自己的房间里睡觉。而且房间里都有暖气。像我们这样房间又小，屋里又冷，是不可能完全照搬国外的经验的。”

生活作息时间表——
新来的育儿指导师

最近我的生活已经变得很有规律了。

8点：起床，然后，喝100ml牛奶。

9点：送爸爸上班，然后，在小区里散步。

10点：加餐一片面包，半个煮鸡蛋，100ml牛奶。

11点～12点：在妈妈的看护下在房间里玩耍。

13点～14点30分：午睡。

15点：吃中午饭，米饭一小碗，少量青菜，牛奶100ml。

15点30分～16点30分：和妈妈一块去买东西、散步。

17点～18点：在妈妈的看护下在房间里玩耍。

18点30分：爸爸回家，一家人一起吃晚饭，100ml牛奶。

19点～20点30分：爸爸陪我玩，然后给我洗澡，喝一点儿果汁。

21点：100ml牛奶。

21点30分～22点：睡觉。

今天爸爸上班以后，妈妈就带我去了保健科，因为到了营养指导的时间了。前天，妈妈就收到保健科的通知了，说是为了调查婴儿的营养状况，让每家都写一个生活作息时间表送过来。我的生活作息时间表就像刚才说的那样。妈妈写好后就带去诊所了。

到了诊所，妈妈拿出给我写的生活作息时间表。诊所就派出了一个以前没有见过的育儿师来接待妈妈。

这个育儿师说："嗯，你的生活作息时间表我看过了。你家宝宝是一岁三个月，他稍微偏瘦了一点儿，体重大约比标准值小不到一斤。从生活作息时间表来看，你的小孩子一天总共喝500ml牛奶，吃一小片面包、一小碗米饭，还有晚上的一些大拌菜什么的。你晚上的大拌菜是个什么东西啊？"

妈妈说："哦，那是我家自己做的一种食物，都是我家孩子喜欢吃的东西，我给做了个大杂烩。由鱼、鸡蛋、豆腐、面筋、土豆等组成。"

育儿师又问："晚上就不再给米饭吃了吗？"

妈妈说："唉，给他做好了，他晚上也不吃米饭。"

育儿师听了这话，紧接着说："那可能是因为你没有耐心的缘故吧。"

妈妈听别人说她对我不太耐心，心里感到不太高兴。

但是育儿师却没有注意到我妈妈的变化，继续刚才的话题，用教训人的语气对我妈妈说："你看看那个墙上挂着的那个标准生活作息时间表。如果是一周岁到一周岁半的孩子，像米饭什么的应该早、中、晚各给两小碗，否则就会营养不良。像牛奶什么的，有200ml就够了。像你们家的这个孩子就应该多给点儿米饭，少给点儿牛奶就好了。因为你没有做到标准喂养，所以就显得有点儿营养失衡。今后你一定要照着标准的生活作息时间表去努力。你的孩子就会变得更健康了。好了，我们叫下一个人吧。”妈妈听完之后，有好多话要再问一下这个育儿师，但是看到后边一个接一个正在排着队的孩子和他们的家长，就知道不可能有时间去问什么问题了。于是就抱着我离开了保健科。

妈妈无论如何也不能接受育儿师说的话，像这些“不耐心”、“孩子营养不良”之类的情况，妈妈是绝对不认可的。妈妈边想边离开了诊所。

正走着，听见后面有人打招呼：“你这是怎么了？好像是在思考什么问题。”

生活作息时间表

8点	起床然后喝100ml牛奶。
9点	送爸爸上班然后在小区散步。
10点	加餐一片面包，半个煮鸡蛋，100ml牛奶。
11点~12点	在妈妈的看护下在房间玩。
13点~14点半	午睡。
15点	吃中午饭，米饭一小碗，少量青菜，牛奶100ml。
15点半~16点半	和妈妈一块去买东西、散步。
17点~18点	在妈妈的看护下在房间玩。
18点半	爸爸回家，一家人一起吃晚饭，100ml牛奶。
19点~20点半	爸爸陪我玩，然后给我洗澡，喝一点果汁。
21点	100ml牛奶。
21点半~22点	睡觉。

给孩子喂饭需要多长时间——最好30分钟以内结束

从后面把妈妈叫住的是小胖的妈妈。

她接着问妈妈："你这是怎么了？好像有什么心事。"

妈妈一看是小胖的妈妈在跟她打招呼，立刻就来了精神，因为她知道小胖的妈妈是小区里最值得信任的人，有什么问题问她准没错。

妈妈说："保健科说我们家孩子有点儿营养不良，还特别指出说是因为我喂孩子吃饭没有耐心。"

小胖的妈妈反问道："是吗？那你喂孩子吃饭一般要花多少时间啊？"

妈妈说："这个问题嘛，嗯，无论是喂

他吃面包还是米饭，一般来说，半个小时也就可以了。因为再长一点儿他就坐不住了，要下去玩了。如果我花一个小时的时间追着他喂的话，有时候也能让他多吃一点儿。”

小胖的妈妈听完后，认真地对我妈妈说：“对了，这就是你们家最大的问题所在。前几天我们在家庭主妇俱乐部进行过一次讨论，问题的中心内容就是喂孩子吃饭到底应该花多长时间才合适。”

妈妈一听自己的问题有了答案，立刻来了兴趣。她眼神非常焦急地看着小胖的妈妈，听她接着往下说，还插嘴问道：“你们家庭主妇俱乐部不是把孩子聚集到一块吃饭吗？你不是还说在一块吃，他们都吃得特别快、特别多吗？”

小胖的妈妈说：“我们几家聚到一块那也只限于一周四个白天的午饭，其他时间还是要在家里吃的。经过调查，我们发现每家都有花将近一个小时反复追着孩子喂饭的情况。最后大家得出一致的结论，给孩子喂饭有30分钟就可以了。花一个小时的时间去给孩子喂饭完全没有必要。如果是按育儿指导意见表写的那样，把所有米饭都吃下去的话，无论如何也是要花掉一个小时以上的时间的。”

妈妈听后，感觉是遇到了知音，不住地点着头。

小胖的妈妈接着说：“如果我们都按照保健科的指导，一天花3个小时的时间，每顿喂孩子吃两小碗米饭，那么我们的孩子就没有出去散步、游玩的时间了。而且如果我们每家都雇阿姨的话，可能花一个小时的时间给孩子喂饭，然后带着孩子出去散步是可以的。但是我们都是专职的家庭主妇，我们不可能只喂孩子吃饭，我们还有家务等很多事情要做。我看保健科的所谓指导意见，都是那些没有养过孩子的医生、育儿师啊，凭想像得出来的东西，和实际养孩子的情况相去甚远。他们提供的那个断奶食谱，特别强调不要喝太多牛奶，一天有200ml就可以了，让少喝牛奶，多吃饭。这也太浪费时间了吧。我看像牛奶这种容易进食，又能提供营养的东西，实在是太少了。所以，不管怎样，在30分钟以内喂完饭，剩余的时间带着孩子去做些户外运动是最科学的。”

断奶指导书——
断奶后多吃饭

我妈妈听完小胖妈妈的解释，仍然还留有一丝不快。

她说："唉，还有一个问题，我家的宝宝体重有点儿偏轻。"

小胖的妈妈说："偏轻就是营养不良啊？那你们轻了多少？"

妈妈说："不到一斤吧。"

小胖妈妈说："他们这是什么标准啊？也就你信。不到一斤的分量，也不会影响你家小孩子的生长发育。只有威尼斯的商人才这么斤斤计较重量的多少。人的一斤也就是脂肪多一些或肌肉多一些的事。像你家这个宝宝，一天到晚都动个不停，要是不少个一斤半斤的倒奇怪了。你看那些拳击运动员，为了让体重减轻一些，每天都要跑很远距离。和你家的情况不是很相像吗？”

我听了这话也觉得心里很舒服。因为小胖的妈妈把我说得和拳击运动员一样健壮，我当然很乐意了。

但是妈妈仍非常担心地问道：“育儿师说我们的孩子比标准体重还低，这真让人担心。”

小胖的妈妈接着说：“标准体重？哪来的标准体重？不就是全国孩子的一个平均值吗？用全部孩子的重量除以总人数，得出来的结果就叫平均体重。肯定有不少孩子比平均体重高，也有一些孩子比平均体重低。既然是平均体重就是说你可以和它一样，也可以和它不一样啊。就像国家法律规定，女性要到24岁才能结婚。也没有说女性到了24岁就一定要结婚啊。什么时候结婚还是有一些自由的。你结婚时间和结婚年龄不一样有什么关系，只要幸福就可以了。你们的孩子少个一斤半斤的，并不代表你的孩子就有什么问题啊。你看他每天都快快乐乐的，长得又健康，这不就很好吗？你也不要太注意那个什么断奶指导书了。既然叫断奶指导书，只是保健科给我们提的一些建议罢了，并不是命令我们一定要那么做的。小孩子到几个月大的时候开始喂饭，那是我们的自由。古代的小皇帝可能会吃奶妈的奶很长时间，可能会超过一岁。你再看看现在的妈妈，就没有人再喂那么长时间的奶了吧。大家都知道4个月左右的时候就应该要开始给一些奶粉了。因为在50年前就向大家宣传，母乳喂养不能超过一年。但对各家的小孩子来说，什么时候给面包等一类的辅食，要根据各家的情况以及小孩子的接受程度来进行，绝对不能完全照搬断奶指导意见书上的内容。”

妈妈不知不觉中受到了小胖妈妈热情气氛的感染。她对小胖的妈妈说：“你真是太能说了。是不是经常会和你老公吵架呀？”

小胖的妈妈说：“吵什么架啊？我老公一出差就是一周，家里经常是我一个人，想吵也没对手啊。”

妈妈听后高兴地笑了起来。

被狗咬了怎么办（一）——不要让狗跑了

又是一个星期天的早晨，妈妈让爸爸带我出去散步。爸爸像往常一样带我出门后，穿过一栋有漂亮阳台的楼房，然后再穿过一条马路就到了我们常去的一个小型的儿童公园。

在儿童公园，我们意外地遇到了小胖和他的爸爸。这可是很稀罕的事情。这大概是因为小胖的爸爸最近没有出差的缘故。小胖的爸爸是我爸爸的高中校友，他比我爸爸高几级，见到我爸爸总是以长者自居。

小胖的爸爸看到我们父子俩之后，马上打招呼：“小老弟起得不早啊。”

爸爸也忍不住跟他开起了玩笑：“大哥上次出差时间太长了吧，嫂子在家肯定不高兴吧。”

小胖则和他爸爸不一样，他看见我后，马上走过来拉着我的手。我就喜欢这样对我特别友好的人。我们小孩子是和爸爸妈妈们不一样的。我们小孩子之间的友情都是对等的。我们从来不会有这种上级或者下级的关系。而且我还有一点和爸爸妈妈不一样：爸爸妈妈喜欢什么事都有计划。而我则是对突然遇到的人感到非常新鲜和有兴趣。

正玩着，对面来了个牵着一条大狗的男人。我看见大狗，也想和它交个朋友，于是我向大狗伸出了一只手。但是那条狗却抬起头来叫了一声。把我的小手咬了一下，虽然不怎么疼，但是这条大狗的突然举动还是吓着了我。我大声哭了起来。爸爸则马上跑过来把我抱了起来。牵狗的那个男人不停地低头向爸爸解释着什么，而我则是吓得紧紧地抱住了我的爸爸。

爸爸很快把我带回了家。妈妈知道了事情的经过后，吓得脸都变了颜色。妈妈仔细地检查了我的小手，发现没有什么大的伤口，只是在食指上有两个很浅的牙印，中间渗出了少量的血液。妈妈拿出带有消毒功能的绷带给我包扎了一下。我渐渐也就不觉得疼，而停止了哭闹。但是，在我的印象里，像狗这样的动物也就不怎么可爱了。

妈妈包扎完后，像是想起了什么，转头对爸爸说："不好。被狗咬了有可能会得狂犬病，好像要去打什么预防针吧。哎，当家的，快带孩子去看看医生吧。"

爸爸听了很不耐烦地说："有那么严重吗？再说今天是礼拜天，诊所也不开门啊。"

妈妈说："别找什么理由，出去找找哪家诊所还有医生值班。实在不行的话还找上次我们去过的那个外科诊所，去找那个老大夫看看吧。"

爸爸没有办法，又带着我出了门。幸运的是那家外科诊所的老大夫正好在值班。

爸爸进门后，就着急地问："大夫，我们的孩子被狗咬了，想在您这打能够预防狂犬病的针。"

那个老医生说："看把你紧张的。那条咬人的狗呢？带来了吗？"

爸爸说："我也不知道那是谁家的狗。"

老医生说："是个什么样的狗很重要。如果那条狗没有携带狂犬病菌的话，这么小的伤不用管它也没有问题。你最好还是把狗带过来让我看一看。再问一问狗的主人，是不是进行过狂犬病的预防注射。要是做过预防注射的话，也问题不大。目前给人用的狂犬病预防针是从兔脑里提取的东西，还不能说百分之百的安全。因为动物的脑给人注射后可能会影响人大脑的发育。像我们日本预防病毒性脑炎所用的注射针就是从鼠脑中提取的，那样的话就安全得多。"

被狗咬了怎么办（二）——如果狗没病的话就问题不大

爸爸带我回到家就迫不及待地对妈妈说：“大夫说了，可能问题不大，但是要把那条狗找回来看一看。”

妈妈听后仍然很不放心地问道：“那还是没能排除得狂犬病的可能啊？”

爸爸说：“也可以这么说，因为我还没有找到那条狗。如果那条狗是狂犬病狗的话是需要打预防针的，但是要是打预防针的话，可能会影响我们孩子的大脑发育。”

妈妈听说得狂犬病的可能很小也就稍微有一些放心了。

“那你知道那条咬人的狗是谁家的狗吗？”

爸爸说：“我还真不知道是谁家的狗。也是一个陌生人带着一条狗出来散步才遇到的。我看那个人不停地跟我道歉，我们宝宝的手只有两个小的牙印，没有什么大的损害，也就没有提出让狗的主人赔偿什么的，所以也就忘记了问他住的地方。”

妈妈说：“那可就难了。如果这条狗是狂犬病毒携带者的话，那可怎么办？要不你出去挨家挨户问问，看是谁家的狗。”

爸爸说：“那也太难了吧。那条狗真讨厌。我不喜欢狗，也不喜欢养狗的人。看到住在大房子里的人都养狗就想不通。有什么重要的东西非要养条狗来帮助看，一点儿也不考虑别人的感受。”

妈妈听后说：“你也别那么说。我们小区最近就有些不太安定，据说就有一些专门在小区作案的小偷。我想他们也是因为怕这些小偷才养狗吧，不是因为作为宠物才饲养它们。”

爸爸说：“那我也不喜欢狗。除非是南极探险运动员，他们是最需要狗的，如果没有狗的话，他们会很麻烦的。但我认为一个人如果不关心别人，他也是不会懂得如何去爱护像狗这样的动物的。”

妈妈接着说：“现在也不是讨论这种问题的时候，你还是快点儿出去找一找那条咬人的狗吧。你不是和小胖的爸爸在一起吗？说不定他知道是谁家的狗呢。”

爸爸说：“是啊，那我过去问一问。”

爸爸马上开门走了出去。过了没多久，爸爸就回来了。

“还是不行，小胖的爸爸也不知道是谁家的狗。他只是告诉我那男的穿着一件皮夹克，脚上还穿一双高筒的皮靴。”

妈妈听后说：“还是小胖的爸爸做事比较留心。你平时也要多留点儿心眼。像我平时走路也是特别留心的。你不是平时爱看一些推理小说吗？现在这种情况你可以分析分析，看看怎样找到那条咬人的狗。”

爸爸这个星期天一点儿也没有得到休息。到了很晚的时候，终于找到了那条狗的主人。那条狗后来并没有咬人，也没有出现狂犬病，而且以前还打过狂犬病的疫苗。

为了保险起见，爸爸还带着那条狗和狗主人去了趟外科诊所。经过检查，那条狗是完全正常的。所以我也就不用去打狂犬病预防针了。

假阳性——再查一遍

今天是保健科打卡介苗的日子。其实在前天，我们就接到保健科的通知，到保健科去做了一次结核菌素试验。那天，我看到保健科白白的房子就吓得大声地哭了起来，但还是被打了一针。不止是我一个人。

今天再次来到保健科准备打卡介苗的小朋友，大部分在看到保健科的白房子的时候都先“哇哇”地哭了起来。在保健科诊室的门口，一群哭哭啼啼的孩子在等着护士阿姨看结核菌素试验的结果。虽然这一次只是让护士阿姨看一看小胳膊，但很多小朋友以为又要打一针，就挣扎着不肯往前走。

如果护士阿姨说你的是阴性，你就可以去注射卡

介苗了。如果护士阿姨说你的是阳性，你就不能去打卡介苗了，而要去X光室拍一张胸片。我会是什么样子呢？妈妈在一直替我担心着。

护士阿姨看完我的结核菌素试验结果，她说："你是弱阳性，弱阳性的话也要去拍X光片。"

妈妈非常不安地带我去X光室拍完了胸片。我也觉得暂时获得了解放。但妈妈却依然放心不下。

她抓住一个路过的护士问道："我的孩子是得了结核病吗？"

那个护士阿姨用很快的语速说："如果是的话就会通知你的，如果不是的话一个月后就可以来接种了。但是在那之前还要做一次结核菌素试验。"

护士阿姨说完就又去忙她的事情。妈妈没有得到一点儿有用的信息，感到很失望。

一位一直在旁边看着妈妈焦急地问这问那的中年妇女主动跟妈妈搭话："你们家的宝宝是弱阳性？"

"是啊，我也不知道弱阳性究竟是什么意思。但我知道阳性的话就已经得了结核病。"

那位中年妇女很耐心地给妈妈解释道："弱阳性就是还不能肯定和结核的关系，在一般人群里的发生率很高。大多数和结核没有什么直接关系，只是一种皮肤的过敏反应，也就是皮肤轻微发红。但是担心以后注射卡介苗后会反应不充分，可能会影响结核病疫苗的效果。所以对这样一类人要特别重视。"

妈妈听后感觉这个人的知识非常渊博，又心怀敬意地问道："那我家宝宝到底是一个什么情况啊？"

那位中年妇女微笑着说："就是为了确认你家宝宝是什么情况才让你去拍的胸片啊。如果胸片上发现有结核病表现的话，就可以明白为什么是弱阳性了。"

妈妈被中年妇女的回答完全折服了。

她很唐突地问道："您是医生吗？"

淋巴结核（一）——易发脑膜炎

幸亏妈妈在保健科遇到了那个了解结核病的大妈，知道了结核菌素试验可疑阳性是由很多因素引起的，最常见的是皮肤的过敏反应。妈妈也就放下心来。但是仅过了一周，保健科又打来电话，说我的胸片有异常情况，请到保健科再次检查。

妈妈像坐过山车一般，刚刚恢复的心情又跌到了低谷，又急忙带我去到了保健科。妈妈战战兢兢地走到了保健科的诊桌旁。

主管医生把我的胸片放到桌上的读片灯上，一边指着片子一边对我妈妈说："你孩子的胸片上发现右支气管旁有个肿大的淋巴结。"

妈妈一听，眼泪都快要落下来了。她带着哭腔问："还能治好吗？"

医生说："别太担心，多数都能治好。但是这个位置的淋巴结核容易引发脑膜炎和粟粒样肺结核，你们可一定要重视。"

我在旁边瞅了一眼妈妈，又看了一眼医生，感觉到人类的面部表情差别真是太大了。妈妈的表情是眼睁得大大的，呼吸深重。而那个医生则是一副悠然自得、毫不在意的样子。

妈妈忍不住接着问道："能麻烦您给好好治一下吗？"

医生说："我可治不了，我们保健科的工作是预防，而不是治疗。你带着这个胸片到其他诊所找医生治疗吧。"

那个医生边说边从读片灯上取下片子，放在一个纸口袋里交给妈妈。

妈妈似乎又想起了什么，接着问："我们回去要不要注意点儿什么？是不是要让他多休息？"

医生不耐烦地说："详细的事情你要去问专门的医生。但是，我想还是要少活动，少接触光线为好。如果再合并了麻疹或者百日咳什么的，结核就会进一步发展。特别是在小区里有麻疹或者百日咳流行的时候，更是要注意不要被传染上。另外还要注意营养，多吃一些营养丰富的东西。特别要注意补充维生素。"

妈妈还是有很多疑问："如果治疗顺利的话，大概需要多长时间才能完全变好啊？"

医生说："我想怎么也得要一年时间吧。好了，我该看下一个患者了。"

妈妈抱着我很吃力地站了起来，抱着我一步一步地走出了保健科。

我感觉到她把我抱得越来越紧了，还在我的耳边小声说："乖孩子，对不住了，让你得了结核，但是妈妈会努力治好你的病的。"

淋巴结核（二）——误诊

我这一晚上也没有睡好，几次醒来后都大声地哭啼。以前我晚上哭的时候，一般爸妈都不会理我。但不知为什么就连第二天要着急上班的爸爸也起来哄我，还陪我玩了一小会儿。因为昨晚没怎么睡好，也就没像往常一样一大早就醒了。

等我睁开眼睛的时候，我已经不在我的小床上了。我看见了上次给我看病的那个慈祥的老医生。我知道我被带去求医了，而且爸爸也一直陪伴着。

老医生说："一家都来了，看来是发生了什么了不得的事情吧。"

妈妈说："是的。小区的保健科医生让我们来找您的。虽然远了点儿，但我们比较相信你。听说结核这种疾病在有些诊所治疗效果不好，还发生了药物性耳聋等副作用，所以我们也不敢去别的诊所了。"

老医生点了点头说："是啊，治疗还是要小心为好。特别是小孩子，尽量不要用链霉素一类的药物。打上十回就会出现耳聋。但是也不能因为这而不去其他诊所治疗了啊。像结核这种疾病还是就近治疗为好。在全国，治疗方案都是一样的。再说了，我是以外科为主的诊所啊。”

妈妈说：“这一点我是懂的。但是还是要拜托您一下，能不能给介绍一个值得信赖的专科医生啊？”

医生说：“哦，我明白了。你的孩子是结核吗？有的时候也是会弄错的。从这个地方坐山手线到第三站下车，有一家儿童结核诊所。那个所长是我的老乡，你上那去治疗吧。我给你打个电话介绍一下。”

我们一家三口在约定的时间赶到了结核治疗诊所。结核诊所在半山腰上。妈妈和爸爸气喘吁吁地走进了诊所。我看到了一个戴着厚厚近视镜片的人。虽然长得很高大，但是也慈眉善目的，一下子就吸引了我。我知道他就是那个所长。

他开口对爸妈说：“你们辛苦了。先把胸片拿出来给我看看吧。”

妈妈把胸片递了过去。所长对着窗户上的玻璃，仔细观看着胸片。

过了一会儿，所长说：“这不是结核。这个影子应该是胸腺。胸腺是人体的一个正常器官。只不过是在小孩子身上会比成人要大一些。因为会在支气管旁边表现为一个阴影，所以常会被弄错。但是为了小心起见，还是做一个断层X线吧。”

我又一次被带到了X线室。照完后又差不多等了一个小时的时间。

所长微笑着拿着刚冲洗好的胶片从X线室走了出来。

的确是胸腺。所长说再观察观察吧。一个月后再去做一次结核菌素试验。

异食癖（一）——贫血了吗？

今天又是一个大晴天，妈妈在楼前忙着晾晒衣物，也把我带下来晒晒太阳。

妈妈在旁边的土台上铺好了藤席，让我坐在上面，还放了几本小画册和一个不倒翁让我玩。平常我是最喜欢看有动物的画片的。但今天天气太好了，温暖的阳光、新鲜的空气，给了我充足的能量。画片上的猴子啊、狮子啊，我已经没什么兴趣了。我从席子上爬了下去，坐到了一小块松软的土地上。坐在土地上的感觉真是太好了，和楼道里的混凝土完全不同，软软的，让人觉得很舒服。在我看来，坚固的混凝土没有一点儿生气，而土地则是有生气的，旁边就种着树、长着草。我忍不住双手抓满了泥土。土在我手里也形成了不规则的形状。这种感觉对我来说太新鲜了。已经住了这么久

的小区，以至于都忘掉了自然的存在。我想和这自然融为一体，于是我把手里的土塞进了嘴里。那当然不是什么好吃的东西。但是却让我尝到了一种我以前没有尝过的新鲜的味道。和面包什么的不同，有点儿粘牙。

不知什么时候，妈妈看见了，走了过来。

“小家伙，你在吃什么呀？”

妈妈这种惊叫的声音每次都会让我知道，我是处在了一种危险的境地。想像到又有危险，我大声地哭了起来。

“土是不能吃的，快吐出来。”

我还不知道怎么把吃进嘴的东西吐出来。于是妈妈就很忙乱地用手把土从我的嘴里抠了出来。

妈妈惊叫的声音引来了隔壁的阿姨和小胖的妈妈，从旁边路过的两个阿姨也凑过来看个究竟。

隔壁的阿姨首先问道：“啊？这个小孩子有异食癖。一定是肚里长虫子了。”

妈妈知道隔壁的这个阿姨经常大惊小怪的，马上反驳道：“最近两三天刚刚去保健科做了个检查，没发现有什么虫卵啊。”

小胖的妈妈紧跟着说道：“一定是缺钙吧。”

妈妈依然不肯示弱：“我儿子可是最能吃的，牛奶要喝500ml，那可是含钙最高的食物啊。”

旁边路过的那个阿姨也开口说道：“是缺乏维生素吧？我听说这才是异食癖的主要原因。”

妈妈依然在寻找不同意的理由：“我儿子可是每天都

补充复合维生素的。”

这三个人看到自己的意见没能被妈妈采纳，都是一脸的不服气。

没有说话的那个阿姨最后说道：“还有一种可能就是你们家儿子血色素不足。”

异食癖（二）——大自然的爱恋

正所谓远亲不如近邻啊，这些好心的邻居们根据自己的育儿经历，就想着热心地帮助别人家的小孩，也不管别人领不领情。但是，我的妈妈也有时会犯一些“从善如流”的毛病。吃过午饭她就着急地带着我去诊所看病。

她一走进诊所就问医生：“我儿子是得了贫血了吗？”

医生看着妈妈着急的样子，说：“你家这孩子气色不错啊。”

“但是这孩子有异食癖，刚才还吃土呢。我们前两天刚做了检查，没有寄生虫，维生素和钙都补得很充足。”

妈妈说得头头是道，让医生也忍不住困惑起来。

“那要不先抽血化验一下吧，但是我觉得肯定没事。”

医生说着就不管我是否同意，和妈妈一起把我的手脚控制住，在我的耳垂取了一滴血送去化验。

“要到后天才能出结果，你到时再来一趟吧。”

妈妈有些不甘心地抱着我走出了诊所。

晚上爸爸下班回来后，妈妈马上就把我吃土的事向爸爸作了汇报。爸爸也不相信我会得病。

他说："你就不该带他去看医生。"

妈妈说："有病不就是得看医生吗？"

爸爸说："吃点儿土什么的也能算病吗？"

妈妈说："你就是不懂装懂。"

爸爸说："好，我是不懂。但我有亲身经历啊。我像我们儿子这么大的时候也好吃个土啊什么的。"

妈妈说："所以又是遗传了你的坏毛病。"

爸爸说："在你眼里什么都是遗传。但有些问题是人类共有的。我妈妈当时也很担心我的异食癖，又是针又是灸的，看过不少医生。据说最后还是吃了一个烧焦的蛤蟆皮才治好的。我妈妈至今还依然相信是那个偏方治好了我的病。但我认为是因为我长大了才好的。那根本就不是什么病。"

爸爸说得太对了，我吃土哪里是什么病啊，那就是对大自然的爱恋啊。

妈妈说："癞蛤蟆皮就是用来治癔病的，我看你那时候就是犯癔病。癔病用现在的话来说就是神经病。"

爸爸说："越说越不像话了。我看你也有点儿神经不正常，孩子不就吃点儿土什么的吗，用得着去做什么抽血化验吗。"

麻疹——预防免疫

早晨妈妈正在给我准备早晨牛奶的时候，小胖的妈妈急急忙忙地跑了进来。

“我儿子今天出麻疹，前天不是到你家来玩了一会儿吗，我怕有可能会传染到你们家宝宝，特意来通知一声，你们要注意观察哟。”

妈妈马上停止了早餐准备，她也想起了前天小胖来我家时，曾经有过一阵剧烈地咳嗽。

“那你们家小胖现在怎么样？是不是症状很厉害啊？”

“是啊，今天还一度烧到39度，到现在什么也没吃。医生已经来看过了，说目前没有什么危险。但是我想要是传染给你家宝宝就真是太对不起了。我今天听说诊所开始给注射麻疹疫苗了。”

妈妈说：“真是太感谢你了。那我们现在就去诊所吧。我听说小孩子无论如何都是要出一次麻疹的。”

小胖的妈妈回家去了。我看着她的背影，觉得她真是一个伟大的母亲。自己的孩子病了还想着邻居家的孩子是否有可能会被传染上，这是一般人做不到的。

我很快就被妈妈带去了诊所。

妈妈见了医生着急地问："前天我儿子和一个患麻疹的小孩子一块儿玩，现在能不能给他打个预防针啊？"

医生听了我妈妈的话回答道："你能确定那个小孩子一定是得了麻疹吗？要是不是的话，打个预防针也只能有三周的有效期，也不能保证你以后不得麻疹。"

妈妈说："那个小孩子确实是得了麻疹，医生已经给下了诊断了。"

"打预防针也只是能让疾病症状轻一些，还有一种办法就是补一种免疫球蛋白。可以让你暂时不感染麻疹。但是明年麻疹再流行的时候还有可能会被传染。今年患一次轻度的麻疹，以后这辈子都不会感染麻疹了。"

妈妈问："轻症麻疹都有什么症状啊？"

医生说："病程一到两天，发烧37度左右，同时还会出少量的皮疹，几乎没有什么感觉就过去了。"

妈妈听后，感觉有希望了。与其在不知情的情况下被传染上重度麻疹，还不如打一针让麻疹轻度发作为好。但是在我看来这种选择一点儿也不好。只要是打针我都不喜欢。

我又是一番挣扎。当我已经感觉不到疼痛，且哭声刚要停止的时候，又有一个妈妈带着一个和我年龄差不多的小女孩走了进来。

“我们家老大一周前得过一次麻疹，现在我女儿还没有得，是不是可以打一针预防针啊？”

医生说：“你这个不行。”医生还做了一个摇头耸肩的动作。

麻疹的预防——不能间隔时间太长了

“为什么不行？我又不是不给钱？”小女孩的妈妈有些气愤地问道。

医生听了也有些不高兴地答道：“不是钱不钱的问题，都过去一个星期了，再打预防针已经没有什么用了。从密切接触开始6天以内打预防针是有效的，时间再长就没有用了。你为什么不在老大得麻疹的时候就带老二过来打预防针呢？在麻疹出疹的前三四天就有可能会传染别人了。所以你的女儿到现在感染麻疹都可能已经超过10天了。10天正是麻疹症状将要发作的时候，一般表现为轻度的感冒样症状。你女儿现在一点儿也不咳嗽吗？”

“偶尔有一点儿，而且还伴有打喷嚏等症状。”

医生说：“那就已经患上麻疹了。已经过了预防期了。而且你女儿现在还有可能会传染给跟她接触的小孩子。”

妈妈一听这个小女孩有可能会传给别人麻疹，马上抱起我躲到了一边。

医生看到后笑了起来：“你就不用这么小心了。你不是刚刚打了预防针了吗？我看你还不如再离这个小姑娘近一些，让她真的把麻疹传给你才好。因为你前天接触的那个小孩子也不一定真的把麻疹传给了你。预防针的效果也只能管3个星期，还不如趁现在感染上麻疹，来一次轻度发作。”

女孩的妈妈听了后吃惊地问道：“啊？还有故意接受传染的？”

医生说：“是的。麻疹这种疾病如果我们知道它哪天传染的话，给打点儿预防针就可以轻度发病了。原来就有故意让孩子感染麻疹的先例。所以如果周围有孩子得麻疹的话，让孩子过去一块儿玩个5到10分钟，然后回来注射一支免疫球蛋白，就会变成轻症麻疹了。”

两位母亲异口同声地问道：“什么是免疫球蛋白？”

“就是在大人血液里提取的一种蛋白质。因为大人在小的时候都得过麻疹，所以大人就都有免疫蛋白。把这种免疫蛋白给小孩子用上就不怕再得麻疹了。”

“哎，那不就是说我们也都有免疫球蛋白吗？”

医生说：“你们说得很对。孩子刚生下来的时候就是因为从你们身上得到了免疫蛋白，所以就不会患麻疹。但到了一岁左右，这些免疫蛋白就会消失。”

轻度麻疹——
终生免疫

自从我从诊所里打完麻疹的预防针，到现在已经过去15天了，妈妈也知道麻疹出现症状是在传染的第10天左右。所以在这四五天，妈妈经常会心神不宁地看我的体温有没有变化。

我今天终于开始发烧了。

早晨的时候，妈妈摸着我的额头说："今天还是不烧。如果三星期以内不发病的话就是没有传染上，那还要再去接触一回。"

但是到了上午10点，我喝完牛奶后，妈妈又给我测了一次体温。这次是37.7度。妈妈赶快把我寄存在隔壁小胖的家里，到楼下去给医生打电话去了。

不一会儿，我妈妈就回来了。

我妈妈对小胖的妈妈说："麻烦你们了。医生说让我带孩子到诊所去一趟。因为医生到这来的话，可能会感染到其他的小孩子。看来我儿子已经确实患轻度麻疹了。"

小胖妈妈说："你儿子这能算是麻疹吗？也不咳嗽也不打喷嚏，还能食欲这么好地喝一大瓶牛奶。"

妈妈说："肯定是了，医生都说了是轻度麻疹。"

小胖妈妈说："这要是麻疹的话，你儿子也太舒服了。我们家小胖可是连续四天高烧39度啊。"

妈妈说："这也要感谢你们家的二手麻疹。"

小胖妈妈说："这就不用客气了。"

正说着，传来了脚步声。有医生到我家来了。来的不是诊所的主任，是上次来我家出诊的那个年轻的研究生。

医生对妈妈说："疹子出的怎么样？"

妈妈说："好像身上一点儿皮疹也没有。"

妈妈看着医生有点不相信，于是把我的上衣掀开。

出诊的医生指着我的耳后等地方说："这不是出疹的小点儿吗？耳朵后面也有，腋下也有。这不就是出疹子了吗？"

"这也是麻疹吗？也太不清楚了。你要不说我都看不出来。"

妈妈凑过来仔细地看着。小胖的妈妈也凑过来仔细地分辨着。

妈妈知道这就是轻度麻疹后，也露出了笑容。

"要是这样，以后就不再得麻疹的话，我们真是占便宜了。那还得要好好感谢你们家小胖呢。"

独立行走——会上楼梯了

爸爸的理想终于实现了，不知不觉中我可以独立行走了。爸爸也改正了休息日早晨睡懒觉的习惯，不到7点半就把我叫醒了，给我穿上他买的学步鞋，带我出去散步了。我们走过那排有阳台的楼房，穿过小区门口的那条宽阔的马路，一直走到了小区外的儿童公园里。

每次遇到小区的熟人，总是会对爸爸说：你儿子真了不起，都自己会走了啊。

爸爸听了感觉很高兴。有时候还会为了多听些赞美的话，在熟人多的楼门口多走几趟。

为了让奶奶也能看见我会走了，爸妈和我特意在这个周末回老家住了一晚。

奶奶看到我走得很稳当，忍不住眼泪都流了下来，我以为奶奶遇到了什么伤心事，于是，我走过去用手轻轻地拍了几下奶奶的后背，因为妈妈在我哭的时候也是这么安慰我的。

奶奶看到我这么小就会安慰人，更是感动得泪流不止了，她伸手搂住我后，又嘻的一声笑了起来。奶奶大概是太激动了，嘴里的假牙都滑落到了地上。我平生第一次看到人的牙还能滑出来，吓得大哭起来。家里的人看到这一幕都大笑起来。

这一切都那么地让我疑惑，大人都怎么了，一会儿哭一会儿笑的，特别是奶奶，她都那么高兴了，怎么还流眼泪呢。

堂姐美美也长大了些，但她对我不怎么友好，特别是在奶奶抱我的时候。她大概认为奶奶是她的，而不知道奶奶也是我的。我可不管这么多，和大人玩累了，我就睡着了。

等我醒来的时候，发现自己躺在一个不认识的房间里，周围什么人也没有。我独自走下床来，想想走出房间去找我的妈妈。我推开隔门，发现是个天井，正面还像公园滑梯一样的台阶，我想登上那个台阶是不是就可以滑滑梯了呢。

于是我顺着台阶一步步向上走去，我感觉我的小腿是那么地有力，不一会儿就接近最高的那级台阶了。

唉哟……

妈妈在我的背后抱起来，并发出惊叹声。

接着妈妈把我抱进了奶奶家的大客厅里，对大家说：

可不得了，刚刚宝宝都快要走到二楼去了，我在后面也不敢吱声，怕他一回头别摔下来，我屏住气跟上去，把他给抱过来了。可真吓了我一大跳。

哮喘（一）——真让我害怕

在奶奶家住的那天晚上，我看到了让我很害怕的一幕景象。

那是在我睡到半夜的时候，我被隔壁房间里传来的声音惊醒了，那是美美姐的哭声，她好像很不舒服，爸爸也被惊醒了。

过去看看吧。

爸爸穿着宽大睡衣站了起来，当他推开隔壁房间的门，我看见美美姐坐在奶奶怀里，双手紧紧抓着奶奶的肩膀。美美姐背部剧烈地起伏着，好像呼吸很困难的样子，离开这么远，我都可以听见她吹哨一样的喘鸣声，中间还夹杂着几声咳嗽。美美姐的脸一会儿紫一会儿白，奶奶不停地安慰着：没事的，没事的。美美妈端着痰盂站在旁边，美美隔一会儿就要吐一些痰液。美美爸则一脸严肃地站在电话机旁。

“要不再给医生打一次。”

奶奶听了也建议道：“又过了5分钟了，再打一次吧。”

话音刚落，奶奶家的保姆就推门进来说：“出诊的医生到了。”

进来的是一个高个子的医生，戴着眼镜，当他打开医用背包，取出听诊器的时候，我以为要给我看病呢，吓得哭了出来。

妈妈赶紧过去把门关上，回来拍着我说：“小宝贝，我说你就别哭了。”

我安静下来，听见医生说：“又发作了。”

美美爸：“上周做完一周期的治疗，看来医生推荐的预防针没有起作用啊。”

不一会儿，喘个不停的美美大声哭了起来。我知道她肯定被注射了。

我听见医生说：“等会儿就喘得不那么难受了。”

爸爸回到了我们的房间，小声对妈妈说：“美美的哮喘是老毛病了，这个小孩子太可怜了。”

哮喘（二）——现代文明病

因为美美病了，我们也不能按计划在奶奶家住了，星期天一大早，我们就开始回京了。

在火车上正好遇到那个在我们小区诊所做兼职医生的大学研究员，他在京都医科大学做研究，今天休息正好去我们小区坐诊。爸爸已经和他很熟了，所以说话也没有顾忌。

“我们三口人昨天回老家去了，正遇上大哥家的孩子哮喘发作，所以一大早就急着往回走呢。”

“那小孩子是不是和奶奶生活在一起啊？”

“是的，奶奶看大的。”

“这种病多见于隔代照料的小孩子，妈妈自己带孩子的话反而少见。”

“但是奶奶照看得很好啊，吃穿都不愁的。你能说说原因吗？”

“好吧，哮喘的发生大体已经清楚了。隔代照料的小孩子，运动和排痰能力较弱，当痰液在肺里蓄积的时候，就容易发生哮喘。”

“是有这种情况。”

“所以哮喘也是一种现代文明病，痰多的小孩子很常见，但是并不一定都会成为哮喘。如果妈妈照料的孩子多，孩子有点儿痰也不用怎么管他，孩子自己也能咳出来。但老人或保姆照料的孩子有痰的时候就不一样了，大人会通过拍背什么的帮助他，小孩子就不会自己排痰了。等痰蓄积到一定程度，呼吸也就困难了。发作的时候，小孩子会抓住大人不放手的。”

美美姐昨天发作的情况正像医生说的一样。

“大哥的孩子刚刚打了几十针的预防药，不过才过去一周的时间。”

“是这样的，生长环境引发的疾病，不改变生长环境是不行的，给一些肾上腺素或麻黄碱，症状会好一些，但这样仅是对症治疗。所以你的哥哥要告诉孩子的奶奶，在小孩子有痰的时候，不要去帮她，否则就好不了。说起来都怨孩子的奶奶。”

医生看到爸爸脸色有些不好，也就不再说奶奶的不对了。

“这都是娇生惯养惹的祸，特别是独生子女的家庭要注意了。你看小区有哮喘病的都是独生子女。要想以后少一些哮喘病，应改变现在的生育政策。”

小儿麻痹(一)——首发症状和感冒一样

小区又出了一个小儿麻痹患者，是住在南楼的一个男孩子。4天前因发烧去小区诊所看病的时候，医生说是感冒，在右臂打了一针退烧药后就回家了。但是第二天右臂就变得麻痹了。又去了诊所，才被诊断为流行性小儿麻痹症，接着就送传染病院去了。这在小区里引起了很大的恐慌。

昨天在小胖的家里，妈妈俱乐部的三个人开了一个讨论会。因为已经是晚上八点半了，别的小朋友都睡了，只有我是个夜猫子，所以被妈妈带过来旁听了讨论会。

首先讨论的问题是小区的诊所是否误诊了。

小胖的妈妈第一个发言："初次就诊还说是感冒，第二天才发现是小儿麻痹，肯定误诊了。"

做过眼科医生的可可妈妈又给了进一步的解释和区分：

"说是误诊也不全是，小儿麻痹的首发症状和感冒一样，误诊为感冒也是没办法。小儿麻痹不是根据症状就能诊断出来的。"

田田妈妈听了非常紧张地说："要是像你说的那样的

话，小儿麻痹不出现麻痹症状就不能诊断了？”

可可妈妈的回答让听了的人更加担心了：“如果不抽脑脊液化验的话就不能确诊，但是谁会让患感冒的小孩子去扎针抽脑脊液呢？”

“我听说是因为医生肌肉注射时损伤了胳膊的神经才引起的麻痹。”

小胖妈妈又抛出了一颗炸弹，我知道这是从张阿姨那里传过来的。

“小区诊所已经做过脑脊液检查了，小儿麻痹的诊断是没问题的，但是注射和麻痹之间是否存在因果关系是很微妙的。动物实验证明，肌肉注射的肢体更容易发生麻痹。”

可可妈妈的话引起大家的共鸣：“这么说即使是感冒也不要随便打针了。”

可可妈妈接着说：“是的，至少在小儿麻痹症流行的时期不要轻易给小孩子打针。我最近还听说扁桃体摘除的小孩子容易患小儿麻痹症，所以在小儿麻痹症流行的时期也不要做扁桃体摘除手术。”

小儿麻痹(二)——索尔克氏疫苗

小儿麻痹症真是令人讨厌的疾病，即使一发病就去看医生，也不一定能够早期诊断。

妈妈变得有些担心了："确诊小儿麻痹症后就及时治疗，是不是会好一些？"

"目前还没有能治疗小儿麻痹症的特效药。但是该病也有自愈的倾向，只有少部分孩子会造成肢体残疾，甚至有些患儿由一开始的完全麻痹，长大后也能够不用拐杖去上学。当确诊小儿麻痹症后应注意保持肢体稳定，慢慢地开始按摩和功能锻炼。"

妈妈没等话说完，又着急地问："要是打了疫苗就不会被传染了吧？"

"小儿麻痹症的预防一般是用索尔克氏疫苗，接种虽然比不接种好，但也不可能达到百分之百的预防效果。索尔克氏疫苗是一种死疫苗，无法引发完全的免疫保护。"

田口太太插话过来："我听说苏联开发出了口服的疫苗。"

"是的，那是一种活疫苗。病毒在动物身上传染几代后，毒力就会减弱。”

小胖妈妈提出了疑问：“口服疫苗让人感觉怪怪的。”

“口服是没有问题的，引起小儿麻痹的病毒就是经口传染的，病毒在肠道增殖后才进入血液循环发病的。”

小胖妈妈感叹道：“原来小儿麻痹症是经口传染的疾病。我还以为是通过空气传播的呢。”

“患儿的大便中有大量的病毒。苍蝇是主要的传播媒介。我们必须大力宣传灭蝇，不能食用苍蝇叮过的食物。不仅是患儿的粪便，患儿家长的粪便也要处理好。小儿麻痹的病毒对大多数人来说并不会引起肢体残疾。发生残疾的比例约为两千分之一，多数人仅表现为轻度感冒样症状。把患者完全隔离起来不是最安全的做法。”

告别——医生要做小孩子的朋友

今天是爸爸的生日，这在我们家可以要庆祝一下的，妈妈从中午就开始在厨房里忙个不停，准备了许多好吃的。我拿着妈妈给的蜡笔和白纸，坐在客厅里“创作”，随着我手的移动，五颜六色的线条就出现在纸上，让我觉得又新奇又好玩。妈妈过来看我把一张纸画满线条及一圆圈后，就又拿出一张新纸让我断续创作。在爸爸下班回家之前，我已经完成了好几幅作品了，妈妈索性用胶带把我的画都粘在墙上，作为我送给爸爸的生日礼物。

爸爸提着一个很大的箱子回家了，那是一个木制的玩具汽车。妈妈把汽车也摆到了餐桌上，还在里面放了几瓶啤酒，吸引我也做到了餐桌旁，给我倒了一杯汽水，妈妈给自己倒好了偶尔也喜欢喝几杯的啤酒，和爸爸一起举杯庆贺，并且也给我碰了一下杯子，齐声对我说：“也祝小宝贝健康快乐。”

爸爸妈妈热情高涨，我则想天天都像过生日一样就好了。

突然有人敲门，爸爸开门一看是以前做兼职的年轻医生。

年轻医生说："打扰你们的幸福生活了。"

爸爸说："别见怪，今天是我的生日，你应该算是贵客了。"

年轻医生说："其实我是来告别的，我要去外地支边，这是医科大学教师的义务。"

爸爸说："还有这种规定。真是太让人惋惜了。小区诊所的主任一定不希望你离开吧？"

年轻医生说："主任才不这么想呢。他就希望我快点儿走。自从我过来做兼职，诊所的收入就开始下降。主要是因为我给小孩子的治疗原则是尽量不输液，他们也就不会因为怕疼而哭闹了。但是不输液收入就少了。而且输液比肌肉注射的利润还高，主任就要求我尽量多开输液。但这对小孩子就惨了，太痛苦了。小孩子一哭闹，针就更难扎了，有时要扎好几针。所以小孩子都因为有这个痛苦的经历而不敢到诊所来。一来看病就哭闹不停，也影响医生的诊断。为了治好病，就容易过度治疗而选择输液之类的治疗手段。你到全国看一看，儿科诊室没有听不到哭声的。我不太适应这种情况。这次支边也是去一所儿童医院，我想尽我的一份努力，减轻小患者的就诊恐惧心理，让他们安静地接受诊疗，这是我追求的理想。又扯远了，要不我就陪你喝杯啤酒吧。我正好也有些口渴了。"

后记

去年，大阪的朝日新闻在初夏和冬季分两次连载了我写的这部《我是婴儿》。最早是由朝日新闻社文学部的西村勇先生提议，建议我能不能从婴儿的角度对他们的父母提出一些要求和育儿的注意事项。

我作为一名儿科医生，每天在诊室里都会遇到各种各样的小患者，看到他们的父母或长辈都存在相当多的育儿错误，我很乐意写下来告诉天下刚刚当上或即将要做父母的人们。

这些小宝贝的病患都有很多相似的地方，其实在我看来，这些患儿家长们不当的育儿方式也有很多相似之处。

大多数的儿科医生不会去考虑患儿父母的想法，他们之所以带患儿来就诊是有着各种各样原因的。儿科医生们都在忙着怎么治好患儿的疾病，却不会想到要治疗患儿父母的心病。

我想只要把患儿父母的情况了解清楚了，才能帮助他们解除心病。所以我就写了这样一本书来找找“病根”。

因为最初是在报纸上连载的，所以我也陆续接到很多读者来信。其中一定会有读者担心自己家的情况被引用到这本书中。感谢这些读者的来信，正好让我确信我已经找到了“病根”。

两次连载共计58篇，不仅在大阪发行，在名古屋和九州也有发行。很多读者都向报社询问什么时候成书，我也就有了集结成书的想法，并且为了让更多的人看到，我选择了向岩波书店投稿，很快就获得了批准。

为了让内容更充实，我又补写了本书中的第三部分，共计91篇。

这就是本书的成书经过。

感谢所有帮助过我的人们。

1960年